ヒッグス粒子

神の粒子の発見まで

ジム・バゴット 著
小 林 富 雄 訳

東京化学同人

Ange に捧ぐ

著者について

ジム・バゴットはかずかずの受賞歴を誇るサイエンスライターである．大学での科学の研究者としての経験をもち，現在はフリーのビジネスコンサルタントとして活動している．科学，哲学や歴史に幅広い興味をもち，余暇にこれらをテーマとする著作活動を続けている．以下に掲げる彼のこれまでの著作は，広く称賛の声を浴びている．

1) "The Quantum Story: A History in 40 Moments", Oxford University Press (2011).
2) "Atomic: The First War of Physics and the Secret History of the Atom Bomb 1939–49", Icon Books (2009). この本は2010年の軍事文学ウェストミンスター公爵メダルの候補となった．
3) "A Beginner's Guide to Reality", Penguin (2005).
4) "Beyond Measure: Modern Physics, Philosophy and the Meaning of Quantum Theory", Oxford University Press (2004).
5) "Perfect Symmetry: The Accidental Discovery of Buckminsterfullerene", Oxford University Press (1994).
6) "The Meaning of Quantum Theory: A Guide for Students of Chemistry and Physics", Oxford University Press (1992).

目次

まえがき

二〇一二年七月四日、ヒッグス粒子と非常によく似たものがジュネーブＣＥＲＮ（欧州原子核研究機構）研究所で発見されたというニュースは、伝染性の強い電子ウイルスのように瞬時に世界中を駆けめぐった。見出しには最新の高エネルギー物理学の勝利が派手に書きたてられた。その発見は新聞第一面のニュースとなり、夕方の多くの報道でも特集が組まれ、このニュースに接した人は十億人を超えた。この粒子は、一九六四年に「発明」、つまり仮説として考え出されたものである。その四八年後、ヒッグス粒子とみられる信号が、数十億ドルのコストを費やし、ついに発見されたのだ。

それでこの騒ぎは一体何なのだろう？　ヒッグス粒子とは何か？　なぜそれがそれほど重要なのか？　もしそれが本当にヒッグス粒子だとして、それがこの物質世界や初期宇宙の進化について何をわれわれに教えてくれるのか？　この発見は本当にその努力に報いるものなのだろうか？

これらの疑問に対する答えは、素粒子物理のいわゆる標準モデルの話の中にある。これはその名前が表すように、すべての物質の基本的構成要素や、物質が互いにくっつきあったりばらばらに壊れる原因となる力を説明するために物理学者たちが使う枠組みである。標準モデルは、われわれのまわりの物理世界を説明しようとする物理学者たちが、数十年にわたって惜しみない最善の努力をして積み上げたものなのである。

標準モデルはまだ「究極の理論」ではない。それは重力を説明していない。重力を含む基本的な力を統一しようとする風変わりな新理論についてては、最近耳にしたことがあるかもしれない。それらは超対称性や超ひもなどの理論だ。これらのプロジェクトに取組む何百人もの理論家の努力にもかかわらず、これらの理論は推論の域を出ず、実験による検証は皆無だ。当分の間は、一九七〇年代後半に端を発して以来認識されてきた欠陥にもかかわらず、ほとんどの実際の研究が行われるのはまだ標準モデルなのである。

ヒッグス粒子は標準モデルにおいて重要な役割を担う。それはヒッグス場、すなわち全宇宙に充満する、目に見えないエネルギーの場、の存在を意味するからだ。ヒッグス場がないと、あなたや私、そして目に見える宇宙をつくっている素粒子が質量をもたなくなってしまうだろう。ヒッグス場がなければ質量はつくられず、何もつくられない。

われわれはこの場の存在に負うところが非常に大きいようだ。これがヒッグス場の粒子であるヒッグス粒子が一般向け出版物などで「神の素粒子」と誇称されている一つの理由である。この名前は現役の科学者たちにはひどく嫌われているが、それはこの粒子の重要さを誇張し、物理学と神学との間の時にはなじまない関係に注意を引きつけてしまうからだ。とはいえ、科学ジャーナリストや通俗科学作家にはたいへん好まれる名前である。

ヒッグス場から予言される結果の多くは、一九八〇年代前半の粒子コライダー（衝突型加速器）実験によって裏付けされた。しかしこの場を推論することと、この場に伴う素粒子を見つけることとは同じでない。したがって、この場がおそらくは、ここにも、そこにも、どこにでもあるだろうということを知るのは非常に安心を与えるものである。ヒッグス粒子が発見されなかったかもしれないという可能性は非常に現実的なものであった。そしてもしかすると標準モデルは壊滅的な影響を受けたかもしれないのだ。

私がこの本を書き始めた二〇一〇年六月は、その発見がなされる二年前であった。ちょうど別の本の原稿を完成させたばかりだった。その本のタイトルは"The Quantum Story: A History in 40 Moments"というもので、一九〇〇年から現在に至る量子物理の歴史をつづったものだ。その本では標準モデルの成り立ちとヒッグス場とその粒子の発明について述べている。その数カ月前にCERNの大型ハドロンコライダー（Large Hadron Collider）の陽子－陽子衝突エネルギーが七兆電子ボルトを達成し、私は発見が数年以内にあるかもしれないと予測した。幸いにも私は正しかったのだ。

"The Quantum Story"は二〇一一年二月に出版された。本書の一部はこの前作に基づいて書かれている。

まだ発見されていない粒子についての本を依頼するリスクを冒そうとしたラタ・メノンとオックスフォード大学出版局の方々に謝意を表する。私はCERNでの進展を正式なルートで追っていたが、フィリップ・ギブス、トマソ・ドリゴ、ピーター・ウォイト、アダム・ファルコウスキ、マット・ストラスラー、ジョン・バターワースといった、多くの高エネルギー物理ブログの運営者らに負っていることも認める。また私と話す時間をとってくれて、高まる興奮を共有したジョン・バターワース、ソフィー・テソーリ、ジェームズ・ギリース、ローレット・ポンセ、リンドン・エバンスに感謝する。それからこの原稿草案を読んでコメントをくれたデイヴィッド・ミラー教授とピーター・ウォイト、同じく原稿草案を読み通して親切にも彼自身の展望をはしがきとして寄稿してくれたスティーブン・

ワインバーグ教授に感謝の意を表する。この本の中の誤りはすべて私のものであることを保証する。

二〇一二年七月六日

レディングにて
ジム・バゴット

スティーブン・ワインバーグによるはしがき

多くの重要な科学的発見は、通俗誌によって後から一般読者に説明されてきた。しかしこの本はそのほとんどが発見を見越して書かれた、私が見た最初のケースだ。この本の出版を二〇一二年七月のＣＥＲＮでのヒッグス粒子とみられる新粒子発見の発表（フェルミ研究所からの補強証拠もあったが）の直後にすべく準備していたことは、ジム・バゴットとオックスフォード大学出版局の非凡なエネルギーと計画性のあかしである。

この本の迅速な出版は、この発見に対する幅広い一般の興味を立証するものでもある。だから私がこのはしがきで、何がなし遂げられたのかについて私自身のコメントを付け加えるのはむだではないであろう。ヒッグス粒子探索で問題となっているのは質量の起源であるとよくいわれる。その通りだが、この説明はもう少し掘り下げる必要があるだろう。

一九八〇年代までにわれわれはすべての観測された素粒子と（重力以外の）力の相互作用の優れた包括的理論を手にしている。この理論の本質的な要素の一つが、電磁力と弱い核力の二つの力（電弱力）の間の同族関係のような対称性だ。電磁気は光の原因であり、弱い核力は原子核中の粒子が放射性崩壊過程によって別の粒子に移り変わることを可能にする。この対称性はこれら二つの力を一つの電弱構造にまとめる。電弱理論の一般的特徴はこれまでによく試験されてきている。その正しさはＣＥＲＮでの最近の実験でも問題とならなかったし、たとえヒッグス粒子が発見されなかったとしても深刻な疑いを招くようなものではなかっただろう。

しかし電弱対称性の一つの帰結は、もしこの理論に何か新しいものを付け加えなかったとしたら、電子やクォークなどすべての素粒子は質量をもたないということだ。もちろん実際はそうではない。だから電弱理論には何かが付け加えられなくてはならないということだ。それはまだこの自然界やわれわれの研究所で見つかっていない新種の物質あるいは場のようなものだろう。ヒッグス粒子の探索は、どんなものが必要なのかという問いに対する解答の探索であった。

この新しいものの探索は、高エネルギー加速器で何が出てくるか待ちながら考えにふけるようなものではなかった。素粒子物理学の基礎となる方程式の厳密な性質である電弱対称性は、どうにかして破られなければならない。その対称性は、われわれが観測する粒子や力に直接適用されるものではない。一九六〇年から六一年にかけての南部陽一郎とジェフリー・ゴールドストーンの仕事以来、この種の対称性の破れはさまざまな理論で可能であることは知られていたが、質量をもたない新粒子が必然的に現れることになってしまい、そのような粒子が存在しないことは知られていた。

それがある種の理論においてはこれらの南部－ゴールドストーン粒子が消えて、媒介粒子の質量を与える役目をするだけになってしまうことがロバート・ブラウトとフランソワ・アングレールの仕事、ピーター・ヒッグスの仕事、そしてジェラルド・グラルニックとカール・ハーゲンとトム・キッブルの仕事によって独立に示された(注1)。これが一九六七年から六八年にかけてのアブドゥス・サラムと私が提案した弱い力と電磁力の理論で起こっていることだ。しかし電弱対称性を実際に破る新しい物質あるいは場がどのようなものなのかという疑問は未解決のままなのである。

その解決方法には二つの可能性があった。第一の可能性はこれまで観測されていない場が空っぽの空間に充満し、ちょうど地磁気の場が北と他の方向を区別するように、これらの新しい場が弱い力と電磁力とを区別するというものだ。そして弱い力を媒介する粒子とその他の粒子に質量を与え、(電磁力を媒介する) 光子だけは質量0のままにする。これらの場はスカラー場とよばれ、磁場とは異なり、通常の空間内の方向を区別しないことを意味する。この一般的な種類のスカラー場は、ゴールドストーンによって、そして後の一九六四年の論文で対称性の破れの例証として導入された。

サラムと私は、弱い力と電磁力の最新電弱理論をつくったときにこの種の対称性の破れを用いたが、空間の隅々にまで充満するこのスカラータイプの場によって対称性が破られることを仮定したのだ。(この種の対称性はすでにシェルドン・グラショーとサラムとジョン・ワードによって仮定されていたが、理論式の厳密な特性としてではなく、したがってこれらの理論家たちはスカラー場の導入にまでは達していなかった。)

スカラー場によって対称性が破られるという、ゴールドストーンおよび一九六四年の論文で考察されたモデルや、サラムと私の電弱理論などの帰結の一つは、これらの場のいくつかは力の媒介粒子に質量を与える役目をするが、その他のスカラー場は自然界に新たな物理的粒子として姿を現し、加速器や粒子コライダーでそれをつくり、観測できるということである。サラムと私は、われわれの電弱理論に四つのスカラー場を入れる必要があることを見つけた。これらのスカラー場の三つは W^+、W^-、

(注1) 簡潔さのため、この仕事を「一九六四年の論文」とよぶことにする。

Z^0粒子に質量を与えることに使われる。重い光子ともいえるZ^0粒子は、われわれの理論では弱い力を媒介する。（これらの粒子は一九八三年から八四年にかけてＣＥＲＮで発見され、電弱理論の予言通りの質量をもっていることが見いだされた。）スカラー場の一つは取り残されて物理的な粒子、すなわちこの場のエネルギー・運動量のかたまりとして現れる。これが三〇年近くにわたって物理学者たちが追い求めてきたヒッグス粒子なのだ。

だが常に二番目の可能性はあった。空間に充満する新しいスカラー場などはなく、ヒッグス粒子も存在しないかもしれない。その代わり、電弱対称性はテクニカラー力として知られる強い力で破られるのかもしれない。この力は未発見の新しいクラスの重い粒子に作用する。このようなことは超伝導では起こっている。一九七〇年代後半にレオナルド・サスキントと私自身によって独立に提案されたこの種の素粒子理論は、テクニカラー力によって結び付けられた一群の新粒子を予言する。それでわれわれは、スカラー場か？　テクニカラーか？　という二者択一に直面していたのだ。

今回の新粒子の発見は、テクニカラーによってではなく、スカラー場によって電弱対称性が破られているほうに強い賛成票を投じるものである。だからこそこの発見が重要なのだ。

しかしこれをはっきりさせるには、まだ多くのことを調べなければならない。一九六七〜六八年の電弱理論は、ヒッグス粒子についてその質量以外のすべての性質を予言した。今やその質量が実験的にわかったので、ヒッグス粒子が崩壊するすべてのモードの確率が計算でき、それらの予言が実験と合っているかどうか確かめることができるのである。それはもうしばらくかかるだろうが。

またヒッグスとみられる新粒子の発見は、その質量を理解するという困難な課題を理論家たちに残した。ヒッグスは、その質量が電弱対称性の破れから来るものではない素粒子なのだ。電弱理論の基礎となる原理に関する限りはヒッグスの質量は任意の値をとることができる。これがサラムも私もそれを予言できなかった理由だ。

実際ヒッグスの質量についてちょっと困った問題があることが知られている。それは一般的に階層性問題とよばれているものだ。自分自身以外のすべての知られている素粒子の質量のスケールを定めているのがヒッグスの質量なので、プランク質量(訳注1)とよばれる物理学で基本的な役割をするもう一つの質量も同じようなものだと考えられるかもしれない。しかしプランク質量はヒッグスの質量より約十京倍(10^{17})も大きい。それゆえ、ヒッグス粒子はそれを作るのに巨大な粒子コライダーを必要とするほど重いのだが、なぜヒッグスの質量はそんなに小さいのかという問いをわれわれは発しなければならない。

ジム・バゴットから、この分野の発展についての私の個人的な展望をここで少し述べてくれないか

(訳注1) プランク質量とは、物理学の基本的定数である重力定数(G)、光速度(c)、プランク定数(h)を組合わせてつくられる質量(エネルギー)の値(1.2×10^{19} GeV)のことである。このエネルギーを超えると、時空の量子論的ゆらぎよりもブラックホールのサイズが大きくなるため、これが現在の物理理論の限界を示す値でもある。このエネルギー値に対応して、プランク長さ(1.6×10^{-33} cm)やプランク時間(5.4×10^{-44} 秒)がある。

と依頼されたので、二つの点についてのみふれてみたい。

バゴットが第四章で述べているように、フィリップ・アンダーソンは質量のない南部－ゴールドストーン粒子が対称性の破れの必然的結果でないことを一九六四年より前から議論していた。それではなぜ私や他の素粒子理論家たちがアンダーソンの議論に納得しなかったのだろうか？　それはアンダーソンを真剣に捉える必要はないという判断を反映するものでは決してなかった。物性物理学に関わる理論家の中でアンダーソンほど対称性の原理の重要さをわかっている人はいない。そしてその原理が素粒子物理学でもきわめて重要であることは証明されている。

私は、アンダーソンの議論が一般的に割り引いてとられていたのは、それが超伝導のように非相対論的な現象との類似に基づいていたからだと考える。（すなわち、それらはアインシュタインの特殊相対性理論が十分無視できる領域で起こる現象なのだ。）しかし、ゴールドストーンと、サラム、私による一九六二年の証明では、質量のない南部－ゴールドストーン粒子の必然性を明らかに厳密に示したが、それは相対性理論の明らかな正当性に依存するものであった。素粒子理論家たちは超伝導の非相対論的状況下ではアンダーソンは正しいと信ずる用意はあったが、相対論を取入れなければならない素粒子の理論ではそうではなかった。一九六四年の論文の仕事は、ゴールドストーンと、サラム、私による証明は力の媒介粒子の量子理論には適用されないことをはっきり示していた。それは、これらの理論における物理的現象は相対性原理を満たしていたが、量子力学を考慮に入れた数学的形式化はそうではなかったからだ。

この相対性の問題は、一九六七年の後おおいに骨折ったにもかかわらず私ができなかった理由でもあった。それは、電磁気単独の量子理論では打消し合うことがすでに示されていた発散が、電弱理論でも同様にすべて打消し合うように見える無意味な発散について、サラムと私が推測したことを証明しようとしたことだ。相対性は電磁気における発散の打消しを示すうえで本質的であった。バゴットが第五章で述べているように、一九七一年のヘーラルト・トホーフトによる打消しの証明は、トホーフトがマルティヌス・フェルトマンと共に考え出した手法を用いたものだった。それは、量子力学の原理を相対性と矛盾しないように拡張して理論をつくり上げることを可能にするものだった。

第二の点について述べると、バゴットは第四章で、私が一九六七年の論文で電弱理論を提案したときにクォークを含めなかったのは、その理論が実際にまだ見つかっていなかったいわゆる「奇妙な」粒子を含む過程を予言するかもしれないという問題について心配したからだ、とほのめかしている。私はその理由がそれほど明確だったらと願うものだ。実のところ、私が理論にクォークを含めなかったのは、一九六七年の時点では私は単にクォークを信じていなかったからなのだ。誰もまだクォークを見つけていなかったし、その理由が陽子や中性子のように観測されている粒子よりもクォークのほうがずっと重いからだというのは、これらの観測されている粒子がクォークからつくられていると仮定していることを考え合わせると、信じることが困難だったのだ。

他の多くの理論家のように私は、一九七三年のデヴィッド・グロスとフランク・ウィルチェック、それとデヴィッド・ポリツァーによる仕事までは、クォークの実在を完全には受入れていなかった。彼らは、量子色力学として知られるクォークと強い力の理論では、距離が小さくなるに伴い、強い力が弱くなっていくことを示した。そしてそれならばクォーク間の強い力は、直観に反してクォークが遠く離れるに従って強くなってゆき、多分クォーク同士が離れ離れになるのを妨げるだろうとわれわれの何人かが思い当たった。この証明はまだないが、一般的には信じられている。量子色力学は今では非常によく確かめられた理論であるが、単独のクォークをまだ誰も見たことはないのだ。

私はこの本が二〇世紀初頭のエミー・ネーターから始まるのを見て非常に喜ばしかった。彼女は自然界における対称性の原理の重要性を誰よりも早く理解した。これは今日の科学者の仕事が壮大な伝統における最新のステップにすぎないということをわれわれに気づかせてくれるのに役立つ。われわれは自然がどのように働くか推測しようと努力し、それらの推測は常に実験による検証で確かめられなければならないのだ。ジム・バゴットの本は、この歴史的な事業の雰囲気のいくらかを読者に与えてくれるだろう。

スティーブン・ワインバーグ

二〇一二年七月六日

プロローグ——形と実体

この世界は何からできているのだろう？

このような単純な疑問は、人類が合理的な思考ができるようになって以来、人間の知性を悩ませ続けてきた。確かに今日この疑問を尋ねるやり方は、より精巧で洗練されたものになり、そしてその答えを出すのも、より複雑で高価なものとなった。しかし本当のところ、この疑問は非常に単純なものであることは間違いない。

二五〇〇年前、すべての古代ギリシャの哲学者たちがし続けなければならなかったことは、自然の中の美と調和に対する彼らの感覚および彼らの論理的推理力と想像力を用いて、彼らの独自の感覚で物事を知覚することだった。あとから見れば、彼らがどんなにたくさん考え出せたかまったく驚異的だ。

ギリシャ人たちは形と実体とを区別することに注意深かった。世界は多様な異なる形をとることができる物質的な実体からつくられている。紀元前五世紀のシチリア人哲学者エンペドクレスは、この多様さは今日古典的要素として知られる四つの基本的な形に帰着することができるだろうと提唱した。それらは土、空気、火、水であった。これらの要素は永久不滅なものであり、互いに愛の引力によって少々ロマンチックな組合わせで結び付いたり、争いの斥力によって分裂したりすることで、この世界のすべてを形づくっていると考えられた。
紀元前五世紀の哲学者レウキッポスを創始とする別の学派は、彼の弟子のデモクリトスと非常に緊密に連携して、世界はアトムとよばれる小さく目に見えない不滅の物質粒子と空っぽの空間（ヴォイド）からなるという学説を主張した。アトムはすべての物質的実体の基本的構成要素を意味し、すべての物質のもととなる。実体を無限に分割することなどできないので、原理の問題としてアトムは必要である、とレウキッポスは論じた。もしそれが可能だったとしたら、実体を無に至るまで限りなく分割することができてしまい、物質の保存則という疑う余地のないようにみえるものと明白な矛盾に陥ってしまう。

約一世紀の後、プラトンはアトム（物質）から四つの要素（形）がどのように構成されて形づくられるのかを説明する理論を展開した。彼は四つの要素のそれぞれを幾何学的な（または「プラトニック」な）固体で表し、それぞれの固体の表面はさらに三角形の組合わせに分解でき、それが要素を構成するアトムなのだ、と「対話編」で論じた。三角形のパターンを並び替える、すなわち原子を並び替えると、一つの要素を別の要素に転化でき、またいくつかの要素を結合させて新しい形をつくることも可能になるのだ（注1）。

何らかの究極の構成要素があり、それがわれわれのまわりに見える世界を支え、その要素となり形となる何らかの否定しがたい実在であることは論理的に思える。もし物質が限りなく分割可能だとしたら、むしろ構成要素自体がつかの間の無の点となるところまで到達してしまうだろう。そして構成要素は存在せず、残されたものは漠然とした実体のない幻の間の相互作用だけになり、物質は見かけだけのものとなってしまうだろう。

それは受入れがたいことかもしれないが、大体において、これがまさに現代の物理学によって正しいと示されたことなのだ。今日われわれは、質量が自然の究極的な構成要素に固有に備わった特質でも基本的な性質でもないと信じている。実際、質量はそんなものではないのだ。質量は、本来質量のない素粒子の間の相互作用のエネルギーによってすべてつくられているのである。

物理学者は分割し続けていき、そして最後にまったくの無を見つけたのだ。

古代ギリシャの理論を特徴づけた推論的思考の類を乗り越えることが可能になるには、正規の実験的哲学が発達する一七世紀前半まで待たねばならなかった。古代哲学は、世界がどうあるべきかという先入観にとらわれた観察を通して、物質的実体の本質を直感で知ろうとした。現代の科学者は自然自体をいじり回し、世界が実際どうなのかについての証拠を何とか引き出そうとする。

疑問はまだおもに形と実体の性質に関わっている。**質量**の概念、すなわち物体の力学的運動に現れるものの量の尺度は、実体に対するわれわれの理解の中心となるものだ。加速に対する物体の抵抗力

（注1）　プラトンの"Timaeus and Critias", p. 73–87, Penguin, London（1971）を参照。プラトンは一つのタイプの三角形から空気と火と水をつくり、別の三角形から土をつくった。その結果、プラトンは土を他の要素に変換することはできないと論じた。

は慣性質量で表される。同じ力で蹴られたとき、質量の小さな物体は大きな物よりも大きく加速する。物体が重力場を生ずる能力は重力質量で表される。月によって生ずる重力は地球によって生ずる力よりも弱い。それは月のほうが小さく、したがって小さな重力質量しかもっていないせいだ。慣性質量と重力質量は実験的には相等しい。だがしかしなぜそうなのかについて、説得力のある理論的な理由はない。

科学者たちは形に関する自然の偉大な多様性の秘密もあばいた。ギリシャ哲学の基本的な要素であった水は、プラトンが推測したような三角形で構成された幾何学的固体からなるものではなく、今日われわれがH_2Oと書き表す、化学元素の水素と酸素の原子で構成された分子からなるものであることを見いだしたのだ。

現在使われているこの**原子**（アトム）という言葉は、もともと物質を形づくる不可分の構成要素というギリシャ人たちによる解釈が借用されて引き合いに出されたものだ。しかし原子の実在がまだ熱く議論されていたころ、一八九七年に英国人物理学者ジョセフ・ジョン・トムソンは負の電荷をもつ**電子**を発見していた。今度は原子自体が原子より小さな構成要素をもつように思われた。

トムソンの発見の後は、一九〇九年から一一年にかけてのマンチェスター研究所でのニュージーランド人エルンスト・ラザフォードの実験が続いた。この一連の実験は、原子が大部分は空っぽの空間からなっていることを示した。原子の中心には正の電荷を帯びた小さな核があり、そのまわりに負電荷の電子が、ちょうど太陽のまわりの惑星のように回っている。物質的実体の要素を形づくる原子の質量の大部分は原子核に集中しているのだ。したがって、形と実体が一体となるのが原子核の中ということだ。

原子の惑星モデルは今日でも説得力のある視覚的なたとえである。しかしこのようなモデルが実際意味をなさないことは、当時の物理学者たちにもすぐに明らかだった。このような惑星モデルは本質的に不安定なのだ。太陽のまわりを回る惑星とは異なり、電荷をもつ粒子が電場の中で動くときは、電磁波のかたちでエネルギーを放出する。惑星のような電子は一秒の何分の一かの間にそのエネルギーを使い果たし、その結果原子の内部構造は崩壊してしまうだろう。

この特定な謎に対する解答は、一九二〇年代初期に**量子力学**の装いで現れた。電子は、負の電荷をもつ小さな球状の物体として思い描かれるような単なる粒子であると同時に波でもあったのだ。それはある物体が特定の位置にあると期待されるような、ここかそこかというようなものではなく、ぼんやりとした非局在化した波動関数の範囲の中でまさしくどこにでもあるのだ。電子はそれ自体が原子核の周囲を軌道を描いて回っているのではない。それよりも電子の波動関数が原子核の周囲の空間に「軌道」とよばれる三次元のある特徴的なパターンを形づくっているのである。それぞれの軌道の数学的な形は、いまやまったく神秘に包まれた電子が、原子の中のここかそこかというある特定の場所にいることを見つける確率を教えてくれるのだ（図1を参照）。

量子革命はこの時代に、理論物理と実験物理の両方をこれまでになく肥沃にした。一九二七年に英国人物理学者ポール・ディラックが量子力学とアルバート・アインシュタインの特殊相対性理論を結びつけたとき、電子のスピンとよばれる新しい性質が飛び出してきた。これは実験物理学者たちにはすでに知られた性質であったが、回転するコマのように電子は自分自身の軸を中心に回転しているも

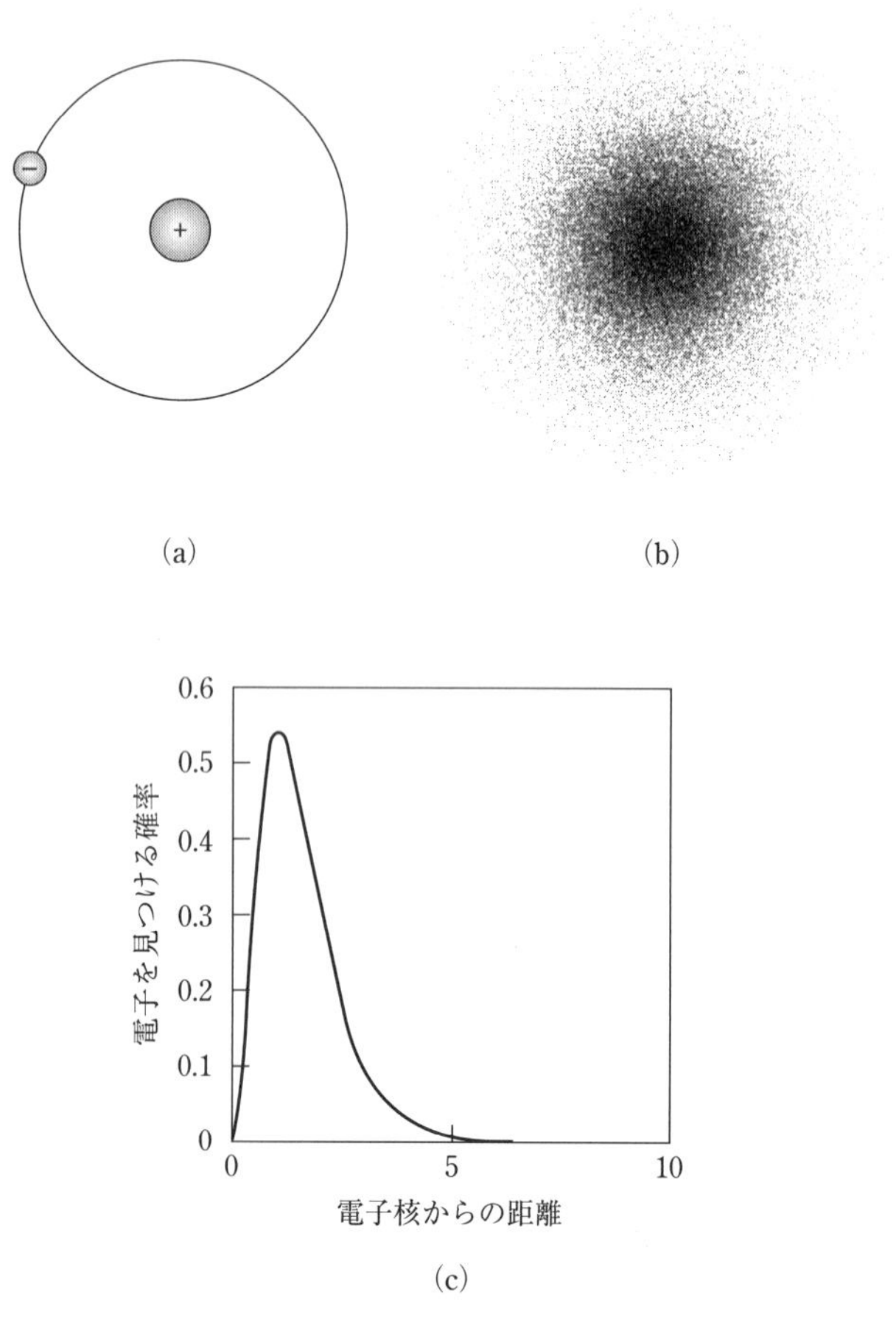

図１　(a)　ラザフォードの水素原子の惑星モデルでは，１個の正電荷の陽子からなる原子核の周囲のある一定の軌道を，１個の負電荷の電子が占めている．(b)　量子力学では電子の波動関数が軌道を回る電子に取って代わる．その最低エネルギーの配置（1s）は球対称形だ．(c)　電子はいまや波動関数の範囲の中でどこにでも見つけられるが，最も高い確率で見つけられるのが，古い惑星モデルで予測される軌道なのだ．

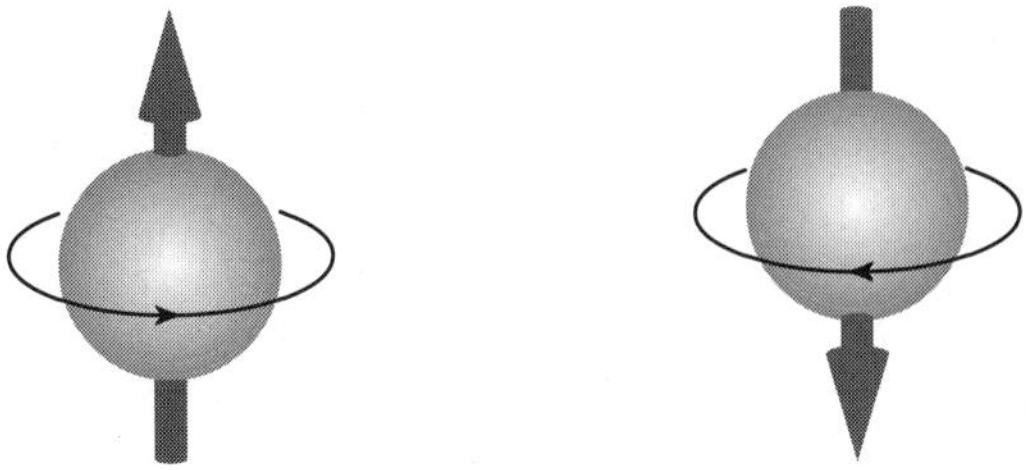

図2 1927年にディラックは，量子力学とアインシュタインの特殊相対性理論を結び付けて，完全に相対論的な量子理論をつくった．そこから出てきたのは，電子スピンの性質だ．負電荷の電子は自分自身の軸を中心に回転し，その結果小さな局所的な磁場をつくり出しているかのように想像されていた．今日では電子スピンは，単に上向きか下向きかの可能な定位という見地から理解されている．

のとして、とりあえず解釈されていた（図2を参照）。地球は太陽のまわりを回っているが、自分自身の軸を中心に自転もしており、スピンは自転のようなものだ。

しかしこれもまた視覚的なたとえであって、現実に根拠をもっていないことはすぐにわかってしまった。今日では電子スピンは純粋に相対論的量子効果と解釈されている。電子は上向きスピンと下向きスピンとよばれる二つの可能な「定位」の状態の一つをとることができる。これらの定位は、通常の三次元空間における特別な方向に沿ったものではなく、上向きか下向きかの二次元しかないスピン空間における自由度なのである。

原子内のそれぞれの軌道には、たかだか二つしか電子が入れないことが見つけられた。これがオーストリア人物理学者のヴォルフガング・パウリの有名な**排他原理**である。一九二五年に彼が見つけたこの原理は、電子が同じ量子状態を占有することは禁止されるというものだ。この原理は二つ以上の電子からなる任意の複合状態に対する波動関数の数学的な形に由来する。もしある複合状態が、物理的な特徴がまったく同じ二つの電子でつくられていたとすると、その波動関数の振幅は0となる。すなわちそのような状態は存在しない。波動関数が0でない振幅をもって存在するためには、二つの電子は多少とも違っている必要がある。原子内の一つの軌道上では、一つの電子は上向きのスピン状態をもち、もう一つの電子は下向きでなければならない。言い換えれば、電子のスピンは対をなすということだ。

スピンの異なる定位が実際どのように見えるのかを想像したくなるが、その誘惑に耐えるのは賢明なことだ。しかしスピンの効果は十分実在して目に見えるものである。スピンは、その自由度からくる「回転」運動に伴う運動量として、電子がもつ角運動量の大きさに反映される。またスピンは電子が磁場とどのように相互作用するかを決定し、その効果は実験室で精密に研究できるものだ。しかし量子力学においてわれわれは、これらの効果の起源について何を知ることができるかと何ができないかの境界線を越えてしまったように思われる。

電子に関するディラックの相対論的量子理論は、彼が必要としたよりもさらに二倍多い解をもたらした。解のうち二つは電子の上向きスピンと下向きスピンの定位に対応する。それでは他の二つの解は何に対応するのだろう？　彼には彼自身のアイデアがいくつかあったが、最終的には一九三一年にそれらはまだ知られていなかった正電荷の電子の上向きスピンと下向きスピンの定位を表すに違いないと認めるに至った。ディラックは反物質を発見したのだ。電子の反粒子、ポジトロンはその後宇宙線の実験で発見された。それは地球大気上層部での高エネルギー粒子衝突によってつくられたものだった。

一九三二年にはパズルの最後のピースが発見されたと思われた。英国人物理学者ジェームズ・チャドウィックが、原子核の中で正電荷の陽子とぴったり並んでいる電気的に中性な粒子、中性子を発見したのだ。いまや物理学者たちは、われわれの初めの質問に対し、明確な解答を定式化するためのすべての要素を手に入れたかのように思われた。

その解答とはこのようなものだ。この世界のすべての物質的実体は化学元素からできている。これらの元素は非常に多くの種類があるが、周期表という形にまとめられる。最も軽い水素から、自然界に存在する元素の中で最も重いものとして知られるウラニウムだ(注2)。

それぞれの元素は原子でできている。それぞれの原子は原子核からなり、原子核は正電荷をもつさまざまな数の陽子と電気的に中性な中性子からできている。それぞれの元素は原子核の中の陽子の数によって特徴付けられる。水素は一個の陽子、ヘリウムは二個、リチウムは三個などと続き、ウラニウムは九二個の陽子をもつ。

原子核を取巻いているのが負の電荷をもつ電子で、陽子と同じ数だけあり、原子が全体として中性

(注2)　ウラニウムより重い元素はあるが、それらは自然の中にあるものではない。それらは本来不安定なものであり、したがって実験室や原子炉で人工的につくられなければならない。多分プルトニウムがその最もよく知られた例だろう。

になっている。それぞれの電子は上向きスピンか下向きスピンの定位のどちらかをとることができ、それぞれの軌道は電子のスピンが対になっているとき、二個の電子を入れることができる。

これはとてもわかりやすい解答だ。基本構成要素の陽子、中性子、電子とパウリの排他原理によって、なぜ周期表がそのような構造をしているか説明できるのだ。なぜ物質が形と密度をもつのか説明できる。同位体の存在も、同じ数の陽子と異なる数の中性子でできた原子核の原子ということで説明できる。多少の努力で、化学、生化学、材料科学のすべてが理解できるのだ。

この説明では質量は本当の神秘ではない。すべての物質的実体の質量はその構成要素である陽子と中性子に帰着することができ、あらゆる原子の質量の約九九パーセントを説明できるのだ。よく蒸留された水から作った小さな氷の立方体を想像してみよう。その一辺の長さは二・七センチメートル、あるいは一インチより少し長いくらいだ。それを取り上げてみよう。冷たくつるつるしている。重たくはないが、その重さはあなたの手のひらの上で感じられるだろう。ではその氷の立方体の質量はどこにあるのだろう?

水の分子量は、H_2Oを形づくる二つの水素原子と一つの酸素原子の原子核内の陽子と中性子の総数から簡単に計算できる。それぞれの水素原子の原子核は一つの陽子だけからなり、酸素原子の原子核は八個の陽子と八個の中性子を含んでいるので、核子は全部で一八個ということになる。あなたが手に持っている純水の氷の立方体は約一八グラム(13ページ、注3)の重さになるだろう。これは分子量をグラムで表した値に等しい。したがってこの立方体は、「モル」として知られる固体の水の標準尺度を表しているのだ。

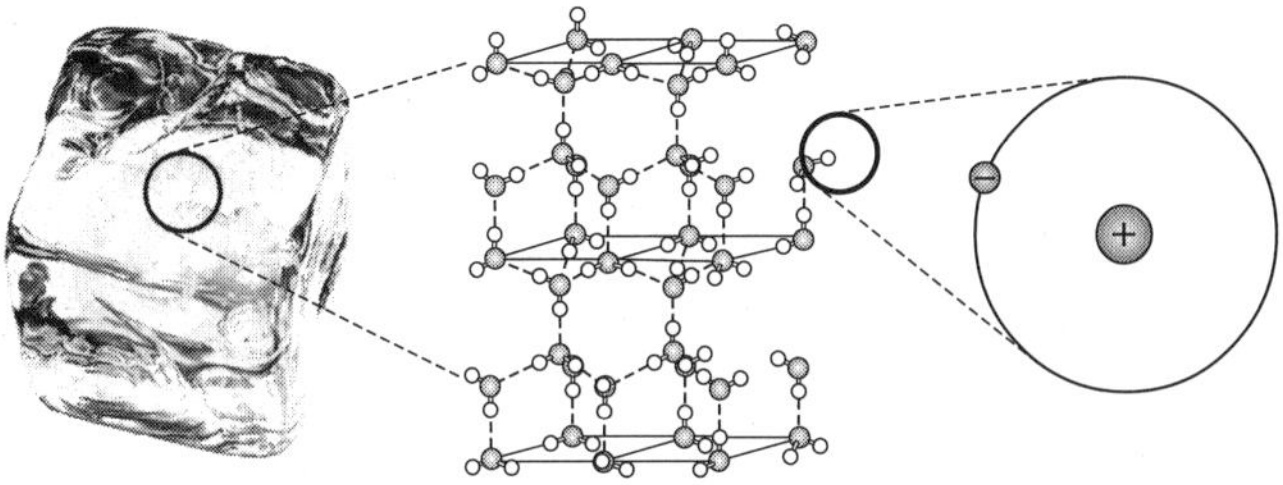

(a)　(b)　(c)

図3　一辺の長さが2.7センチメートルの氷の立方体は18グラムの重さをもつ．(a) それは6000億1兆倍個の水の分子 H_2O を含む格子構造からなっている．(b) それぞれの酸素原子は8個の陽子と8個の中性子を含み，それぞれの水素原子は1個の陽子を含む．(c) したがってこの氷の立方体は約1.08の10兆倍個の陽子あるいは中性子を含む．

われわれは一モルの物質がその物質を形づくる原子あるいは分子を一定数含むことを知っている。これがアボガドロ数で、六〇〇〇億の一兆倍（6×10^{23}）よりやや大きい数だ。そういうわけでこれが解答だ。あなたが手のひらの上で感じる氷の立方体の重さは、六〇〇〇億の一兆倍個の H_2O の分子、あるいは一・〇八兆の一〇兆倍（1.08×10^{13}）個の陽子あるいは中性子の質量を合わせた結果なのだ（図3を参照）（13ページ、注4）。

ギリシャ人たちがかつて考えたように原子は壊すことができないというようなものではもはやないことを受入れなければならなくなった。原子は一つのものから別のものへと変わっていくことができるのだ。一九〇五年にアインシュタインは彼の特殊相対性理論を使って、質量とエネルギーは同等であることを示した。これが、エネルギーは質量に光速度の二乗をかけたものに等しいという、世界で最も有名な科学公式となる $E=mc^2$ だ。しかしこれは質量の概念の価値を下げるようなものではまったくなく、質量がエネルギーの莫大な貯蔵庫を意味するという考えは、むしろそれをさらに価値あるものにした。

実在するが不変ではない。アインシュタインは物質（質量）が保存されないことを示した。それはエネルギーに転換できるのだ。ウラニウム-235の原子に高速中性子がぶつかって分裂を起こす原子核反応で、一個の陽子質量の約五分の一の質量がエネルギーに転換される。これを純度九〇パーセントのウラニウム-235でできた五六キログラムの爆弾の核に換算してみると、質量がエネルギーとして解放された量は一九四五年八月に日本の都市広島を完全に破壊するのに十分なものであった。

しかし実際アインシュタインはより深い真実を追い求めていた。その手がかりは彼の一九〇五年の論文のタイトルにある。それは「物体の慣性はそのエネルギーの内容によるのだろうか?」というものだ（出典1）。アインシュタインは、$E=mc^2$という式は実は$m=E/c^2$を意味することを理解していた。すべての慣性質量は単にエネルギーの別の形態だということだ（注5）。この見方の深遠な意味が明らかになるには、その後六〇年経たねばならなかった。

一九三〇年代半ばまでは、陽子と中性子と電子という基本構成要素が、われわれの初めの質問に対するわかりやすい解答であろうと思われていた。しかし一つ問題があった。それは一九世紀末ごろから知られていたある種の元素の同位体が不安定であるということだ。それらは放射性をもつものであって、その原子核は自発的に崩壊し、原子核反応を次々と起こしていく。

放射能にはいくつかの異なる種類のものがある。その一種は、一八九九年にラザフォードによって**ベータ放射能**とよばれたもので、原子核内の中性子が陽子に変わり、それに伴って高速の電子（ベータ粒子）が放出されるというものだ。これは、原子核の中の陽子数を変えるので、必然的に化学的な個性を変えることになり、錬金術の自然な形態であるともいえる（注6）。

ベータ放射能は、中性子が不安定であり、それが複合粒子であり、したがってまったく基本的なものとは実際いえないことを意味した。またこの過程にはエネルギーのバランスの問題もあった。原子核の中で陽子に転換したとき出てくるエネルギーの理論値は放出される電子のエネルギーでは説明できないのだ。一九三〇年にパウリは、この反応で消失したエネルギーは、まだ見つかっていない軽くて電気的に中性の粒子によって持ち去られたと提案するしか選択肢はないと感じた。これが結局は**ニュートリノ**（小さな中性のもの）とよばれるようになるものだった。その時はこのような粒子は検

（注3）　純水の氷の密度は、0度で一立方センチメートル当たり〇・九一六七グラムである。この氷の立方体の体積は一九・七立方センチメートルなので、その質量は一八グラムよりはやや大きいことになる。

（注4）　もちろん重さと質量の違いについては注意を要する。この氷の立方体は、地球上では一八グラムの重さだが、月の上ではずっと軽くなり、地球のまわりの軌道上ではまったく重さはなくなってしまう。しかしながらその質量はしっかりと固定された値をもち続ける。われわれは慣例に従って質量は地球上での重さと等しいとみなす。

（注5）　実のところ、この $E=mc^2$ という式はアインシュタインの論文ではこの形で出てきていない。

（注6）　世界の金準備の価値にとって幸運なことに、これは卑金属を金に転換する安価な方法を提供するものではない。

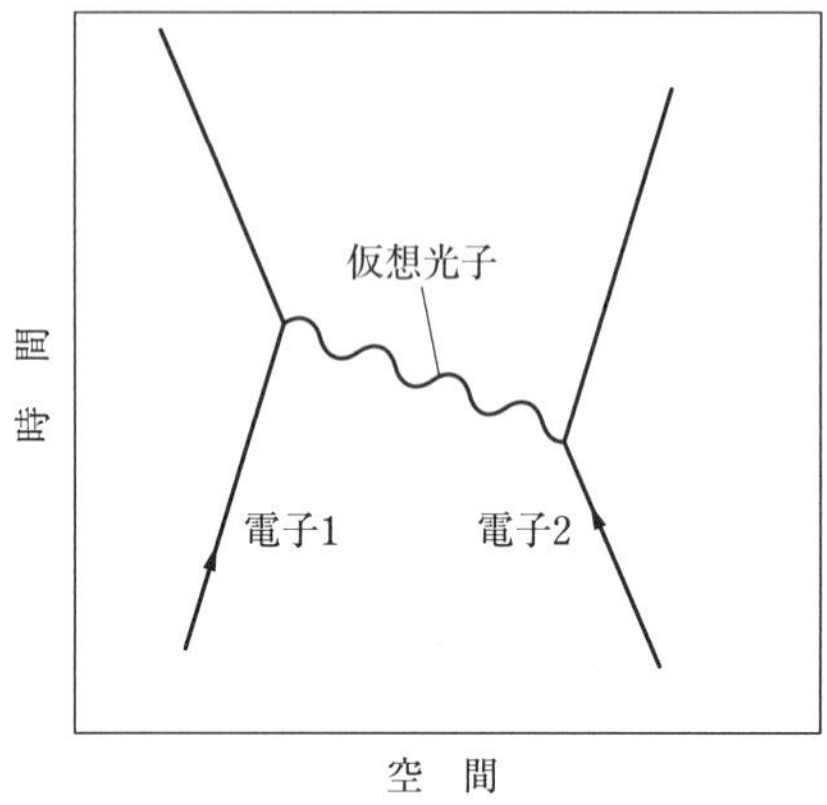

図4　量子電磁力学で記述される二つの電子の間の相互作用を描写したもの．二つの負電荷の電子の間の電磁的斥力は，最近接点における仮想光子の交換によって働く．光子が仮想であるということは，相互作用の間それは見えないからだ．

出することが不可能であると思われていたが、それが最初に発見されたのは一九五六年だった。

全体的によく検討してみる時が来た。ここまでは明らかだ。物質は力によって一緒にまとまっている。すべての物質に普遍的に働く重力を別にすれば、いまやその他に三種類の力が原子自体の中で働いていると思われた。

電荷をもつ粒子の間の相互作用は**電磁気の力**から導かれる。顕著な業績は数多くあるが、なかでも電気産業の礎を築いた一九世紀の物理学者たちによる先駆的な仕事はよく知られたものだ。量子電磁力学（QED）とよばれる完全に相対論的な電磁場の量子理論は、一九四八年に米国人物理学者のリチャード・ファインマンとジュリアン・シュウィンガー、そして日本人物理学者の朝永振一郎によってつくり上げられた。QEDでは荷電粒子の間の引力や斥力は、力の粒子とよばれるものによって伝えられる。

たとえば、二つの電子が互いに近づいたとき、力の粒子を交換して、それが斥力をひき起こすのだ（図4を参照）。電磁場の力の媒介粒子が、光子という通常の光を形づくる量子力学的な粒子だ。QEDは前例のない予言能力をもつ理論として直ちに確立されていった。

まだ対処すべき力がもう二つあった。電磁気では、原子核内で陽子と中性子がどのように結び付けられているか説明できず、ベータ放射性崩壊に伴う相互作用も説明できなかった。これらの相互作用はまったく異なるエネルギースケールで働くため、一つの力で両方を説明することはできない。原子核を結合させておく原因となる**強い核力**と、ある種の原子核変換を支配する**弱い核力**の、二つの力が必要であると認識された。

これでこの本に書かれている物理学の歴史の期間へ到達した。それからの六〇年間にわたる理論と実験の素粒子物理は、われわれを標準モデルへと導いた。それはすべての物質と、物質粒子間の重力を除くすべての力を記述する基本的な量子場の理論を集めたものだ。標準モデルとは何か、そしてそれが物質世界に関するわれわれの理解に対してどういう意味をもつのかを正しく認識する最も簡単な方法は、その歴史の中を素早く一巡することだ。

われわれの旅は一九一五年の静かなドイツの大学町ゲッティンゲンから始まる。

第一部　発明

第一章　論理的考えの詩

ドイツ人数学者のエミー・ネーターが、保存則と自然界の深遠な対称性との間の関係を発見したこと

科学の目的の一つが、世界は何からできていて、そしてなぜそうなっているのか、について説明することであるというのは多分同意できるだろう。物質の基本的構成要素と自然界のふるまいを支配する法則を明らかにすることによって、科学はそれを行おうとしている。

もしこの点について同意できるとすると、すべての法則が同じというわけではないことを認めなくてはならないだろう。つまり、すべての法則が真に基本的なものというわけではないのだ。一七世紀にヨハネス・ケプラーは、ティコ・ブラーエが丹精をこめて集めた天文データを長年にわたって苦労して解析し、ついに太陽のまわりの惑星の運動を支配する三つの法則を考案した。これらの法則は、非常に有効ではあったが、なぜ惑星がそのように太陽のまわりを回っているかの理由を説明する、より基本的なものではなかった。アイザック・ニュートンの万有引力の法則は、まさしくそういう説明をもたらしたのだ。ニュートンの法則は、それから二百年にわたって確固たる地位を占めたが、やがて物質と曲がった時空とを互いに関係づけたアインシュタインの一般相対性理論に取って代わられた。

では何が「基本的な法則」なのか？　これに答えるのは、多分そう難しくはないだろう。われわれ

の世界の自然について知られていることのほとんどは、見かけによらず単純ないくつかの保存則に基づいている。古代ギリシャ人たちは、物質は保存すると考えた。彼らはほぼ正しかった。後年アインシュタインは、物質はエネルギーに還元でき、そしてエネルギーから物質が生じる、と教えてくれた。物質（物質的実体としての）は保存しないが、**質量・エネルギー**は保存する。どんなに頑張っても、エネルギーをつくったり壊したりできない。できるのは、それをある種類から別の種類に変えるだけだ。考えうるどんな種類のどんな物理的相互作用においても、エネルギーは保存しているのだ。

そして**運動量**も保存している。運動量とは、物体の質量に一直線上のその速度をかけたものだ。最初これは一般の経験と合うようにはみえないだろう。テーマパークなどによくある乗り物は、スリルを求める人たちを軌道に沿って水平に高速度で押し出す（注1）。軌道は宙返りループを描いている。乗客を乗せた車両はそれから急な坂をのぼり、運動量を失って遅くなっていき、静止する。重力は車両を坂の下方向へと引っ張る。車両は運動量を増大し、ループを後ろ向きに回り、しまいには静止するところまで行く。さてここで、車両が坂をのぼって行って止まるのだから、運動量が保存していないことはまったくはっきりしているようにみえる。

しかし、ここではより大きな見方がある。車両が運動量を失うとき、その下にあって車両がくっ付いている地球はごくわずかながら運動量を得ており、運動量は保存しているのである。

それから**角運動量**も保存している。角運動量とは、回転している物体の運動量のことで、運動量に回転の中心からの距離をかけたものだ。フィギュアスケーターは、両腕と片足をのばしてスピンに入る。彼女が腕と足を彼女の重心に向けて引き寄せると、彼女の回転中心からの距離は縮まり、より速くスピンするようになる。これは角運動量の保存が働いているためだ。

運動量の例が示すように、これらの法則は少しも直観的ではない。これらは何世紀にもわたって推察されてはいたが、保存則を明確に表現するためには、まず保存される量について明らかにする必要がある。そしてエネルギーの概念は、一九世紀まで正しい定式化と理解がされてこなかったのである。

今日示されている保存則は、何世紀にもわたる成り行きまかせの実験と理論化の極致だ。基本的ではあるものの、それらの法則はそれでも経験的なものだという感じがある。それは、何らかの深い根本的な世界の理論的モデルではなく、観測と実験から引き出されたものだからである。エネルギーと運動量の保存が自動的に出てくるような、何らかのより深い原理は存在しうるのだろうか？

一九一五年、ドイツ人数学者のアマーリエ・エミー・ネーターは確かにそう考えた。

ネーターは一八八二年三月にバヴァリアのエアランゲンで生まれた。彼女の父マックスはエアランゲン大学の数学者で、一九〇〇年にエミーはたった二人の女子学生の一人としてその大学に入学した。当時ドイツのすべての学術研究機関と同様に大学も女子学生を奨励することは望まず、エミーは最初、講義に出席する前に許可を求める義務を負わされた。

（注1）　私は一九八〇年代初期に博士研究員として働いていたころ、ちょうどこのような乗り物をよく楽しんだ。その乗り物は「津波」という名前だったと思う。

一九〇三年夏に卒業し、その冬の数カ月を彼女はゲッティンゲン大学で過ごした。そこで彼女は、ダフィット・ヒルベルトやフェリックス・クラインを含むドイツの主要な数学者何人かによって行われた講義にふれた。それから彼女は学位論文を仕上げるためにエアランゲンに戻り、一九〇八年に大学の無給講師となった。

彼女はヒルベルトの仕事に興味をもつようになり、抽象代数学における彼の方法のいくつかを拡張させた論文を数編発表した。ヒルベルトとクラインは共に感銘を受け、そして彼らは一九一五年の初めに彼女をゲッティンゲンに呼び戻して教員に加わってもらおうとした。

彼らは頑強な抵抗にあった。

「我が軍人たちは、大学に戻ってきて、女の足元で学ぶよう要求されるとわかったら、どう思うだろう？」学部の保守派はそう主張した。

「候補者の性別が私講師（助教授）として認めない論拠になるとは私には思えません。」とヒルベルトは反論した。「何といっても、われわれは大学であって、公衆浴場ではないのだからね。」（出典1）

ヒルベルトが勝ち、そして一九一五年四月にネーターはゲッティンゲンに移った。

ネーターが物理学で最も有名な定理の一つとなるものを定式化したのは、ゲッティンゲン到着後わずかのことであった。

ネーターは、エネルギーや運動量のような物理量が保存する原理は、何らかの連続対称性変換を作

用させたときの、それらを記述する法則のふるまいにたどれると推論した。**保存則**は自然界の深遠な**対称性**の現れということだ。

われわれは対称性といえば、左右、上下、前後の鏡面対称についてまず思い浮かべるだろう。何かが中心点あるいは対称軸の両側で同じに見える場合、それは対称であるという。この場合、対称性変換とは物体を鏡へ映すような動作である。このような動作の後で、物体が変化していない（あるいは「不変な」）場合、それは対称であるという。

一つ例を取上げよう。顔の左右対称性は、われわれ人間の美と魅力の認識の中に深く織り込まれていて、遺伝子の質に対する意識下の指標として役立っているように思われる。美しいと称賛される人は対称性の高い顔をもっている傾向があり、一般的にいって、われわれは美しいとみなす人と結婚したいと思いがちだ（図5を参照）（注2）。

これらの対称性変換の例は離散的とよばれる。これらは、左から右へ、のように一つの見方から別の見方へと瞬間的にひっくり返すことを要求する。ネーターの定理に関係する対称性変換の種類は、非常に異なったものだ。それらは、円周上の連続的な回転のように、連続的でゆるやかな変化を伴うものだ。円をその中心から測った無限小角度だけ回転させるとき、円が不変に見えるのはあまりにも明白であろう。円は連続的回転の変換に対して対称なのである。同じ意味において、正方形は対称で

（注2）　女性の身体は排卵の二四時間前により対称になると示唆される証拠がある。Brian Bates と John Cleese の "The Human Face", p.149, BBC Books, London（2001）. を参照。

図5 われわれは対称性を鏡面反射の見地で考える傾向にある．そして，もし何かが中心点あるいは対称軸の両側で同じに見える場合，それは対称であるという．エリザベス・ハーレイが，顔の対称性と古典的な美しさとの関係の証拠となっている．出典は ©Peter Steffen/dpa/Corbis

はない。正方形は九〇度の離散的回転に対してなら対称だ（図6）。

ネーターの定理は、それぞれの保存則をある**連続対称性変換**と結び付ける。彼女は、エネルギーを支配する法則は時間の連続的変化あるいは「移動」に対して不変であることを発見した。言い換えれば、物理系におけるある時刻でのエネルギーの力学を記述する数学的な関係は、無限小の時間後もまったく同じなのだ。

これは、これらの法則が時間と共に変化しないことを意味し、それはまさに基本法則の地位へと高めたい物理量の間の関係から期待される通りのものである。これらの法則は昨日も今日も明日も同じであり、まったく確実なものだ。エネルギーを記述する法則が時間と共に変わらないのならば、エネルギーは保存されていなくてはならない。

運動量に関しては、ネーターは空間内の並進に対して不変となる法則を発見した。運動量を支配

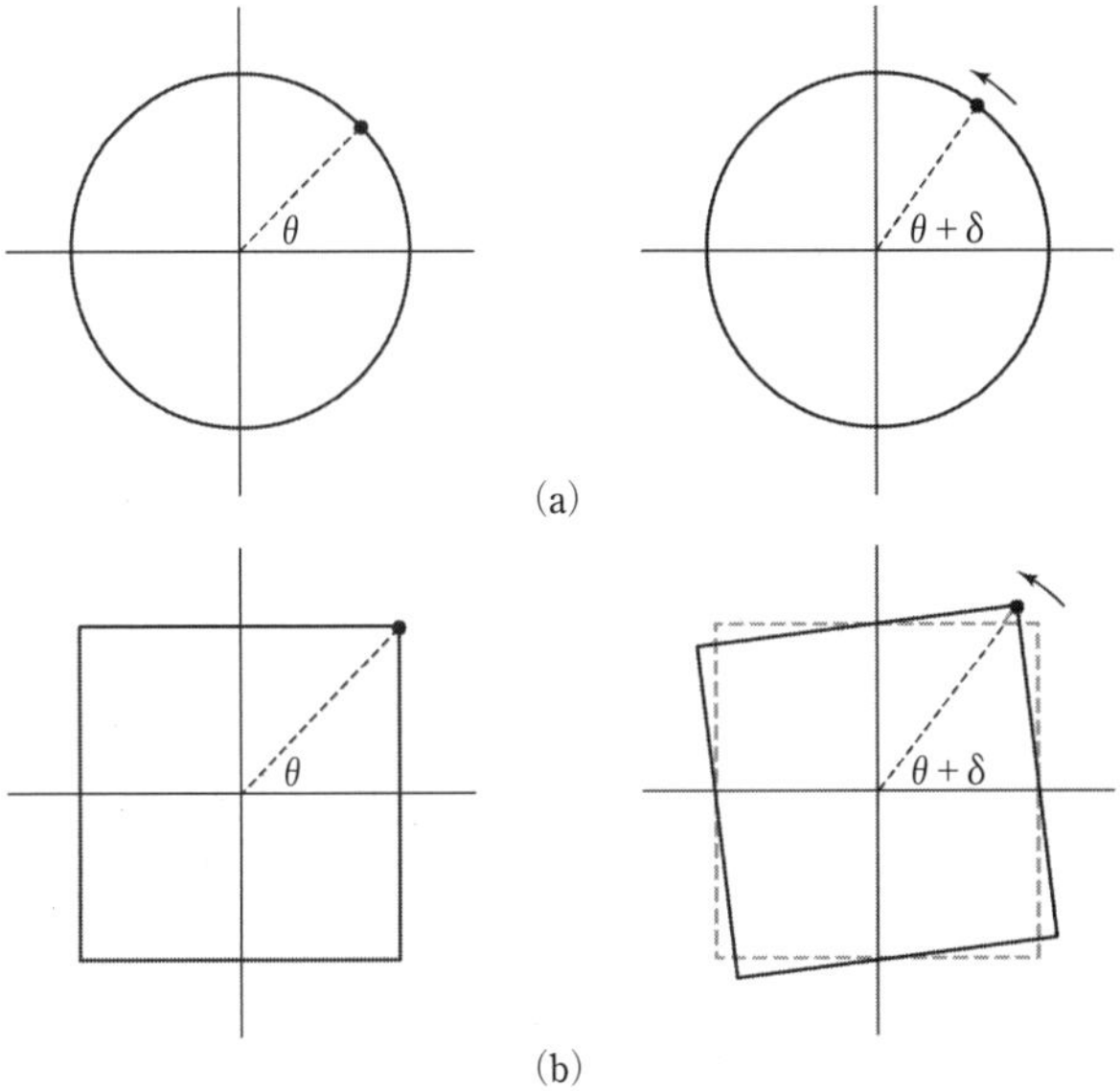

図 6　連続対称性変換は，距離や角度のような，微小に増える変化や連続変数を伴う．(a) 円を微小角度 (δ) だけ回転させたとき，円は変化していない（あるいは“不変な”）ように見える．このような変換を対称であるという．(b) これに対し，正方形は同じ意味で対称ではない．そのかわり，正方形は 90° の離散的回転に対しては対称だ．

する法則は空間内のどんな特定の場所にも依存しない。ここでも、あそこでも、どこでも同じなのだ。角運動量については、上に述べた円の例のように、その法則は回転対称性変換に対して不変となっている。回転の中心からみた角度とは無関係ということだ。

ネーターが彼女の定理に到達した論理はこのようなものだ。物理学には、注意深い観測と実験から、保存すると思われるいくつかの量が存在する。多くの努力の結果、物理学者たちはこれらの量を支配する法則を導き出した。これらの法則は、ある連続対称性変換に対して不変であることが見いだされた。このような不変性が意味するところは、この法則に支配される量は必ず保存されるということだ。

この論理は直ちに逆転できるだろう。保存されているようにみえる一つの物理量があったと想定してみよう。ただしそのふるまいを支配する法則はまだきちんと説明できていないとする。もしその物理量が本当に保存しているのならば、その法則はたとえそれがどんなものであっても、ある特定の連続対称性変換に対して不変でなければならない。もしわれわれがこの対称性が何であるかを発見できたとすると、その法則の究明へかなり近づいたことになる。

ネーターの論理を逆転することで、行き当たりばったりの理論化をかなり避ける方法が得られる。物理学者たちは、不適当なすべての種類の数学的構造を除外するのに役立ち、法則の究明へ近づく一つの方法を提供されたのだ。物理量の裏に潜んだ対称性を見つけることは解答への近道なのである。

厳密に保存されているようにみえるが、適当な法則がまだわかっていない物理量が実際にあった。それが**電荷**だった。

静電気の現象は、古代ギリシャの哲学者たちには知られていた。彼らは、こはくのような物質を毛皮でこすることによって、電荷や火花さえもつくれることを知っていた。電気の科学的研究は、多くの人が関係した長く輝かしい歴史をもつ。しかし、電荷の性質について多くの観測と実験を単一の明快な理解へと統合したのは、ロンドンの王立研究所で働いていたイングランド人物理学者のマイケル・ファラデーだった。多くの実験の結果は、いかなる物理的あるいは化学的変化においても、電荷は生み出すことも壊すこともできないという不可避の結論を導いた。電荷は保存されるのだ。

電荷を支配する法則や規則が、磁気との少々不可思議な関係も含め、不足していたわけではなかった。クーロンの法則、ガウスの法則、アンペールの法則、ビオ・サバールの法則、ファラデーの法則、などなどだ。一八六〇年代初頭、スコットランド人物理学者のジェームズ・クラーク・マクスウェルは、ニュートンが惑星の運動の理論について行ったのと同じことを電磁気について行った。彼は、ファラデーの実験的統一に匹敵する、大胆な理論的統合を行った。マクスウェルの美しい方程式は、動いている電荷によって生じる電場と磁場を密接に結びつけた(注3)。

またその方程式は、光を含むすべての電磁放射が波動として記述でき、その速度が知られている物理定数から計算できることを示した。これらの定数は、自由空間の誘電率、すなわち電荷によって生じる電場を伝える(あるいはそれを可能にする)真空の空間がもつ能力の尺度、と自由空間の透磁率、すなわち動いている電荷を取巻く磁場を生じさせる真空の空間がもつ能力の尺度である。マクスウェルが彼の新しい電磁気理論によって規定されるやり方でこれらの定数を結び付けたとき、電磁波

(注3)　ここで「場」が何を意味するかについて説明しよう。重力や電磁気のような力に付随する場は、それを発生する物体を取巻く空間のあらゆる点で大きさと方向をもつ。この場は、その力を感じることのできる別の物体を場の中に置くことによって検出することができる。何か物を手にとって(できれば壊れにくい物がよいが)、それを落としてみる。その物体の反応は、手から離れたまさにその点での重力場の大きさと方向によって支配される。物体は力を感じ、そして地面に落ちる。

の速度に対して彼が得た結果はまさに光の速度そのものだった。

しかしマクスウェルの方程式は、電荷自体ではなく、電荷によって生じる場を扱うものである。これらは密接に関係しているが、その方程式は原理的に電荷保存の起源の理解に対する根拠を与えるものではない。ネーターの定理に照らしてみて、電荷を支配する法則の探求は、その法則が不変となるような背後に潜む連続対称性変換の探求となったのである。

その探求はドイツ人数学者ヘルマン・ワイルによって取上げられた。

一八八五年にエルムスホルンというハンブルグ近くの小さな町に生まれたワイルは、一九〇八年にゲッティンゲンにおいてヒルベルトの指導の下で博士号を得た。それから彼はチューリッヒの工科大学（ＥＴＨ）で教授の職を得る。そこで彼はアルバート・アインシュタインに会い、数理物理学の問題に魅了されてしまった。

一九一五年に**一般相対性理論**をつくり上げたとき、アインシュタインはあらゆる意味で絶対時空を排除した。その代わり彼は、物理学は点と点の間の距離と、各点における時空の曲率にのみ依存すべきだと論じた。これがアインシュタインの**一般共変性原理**である。そしてこれから導かれる重力理論は座標系の任意の変化に対して不変である。言い換えれば、自然な物理法則はあるが、宇宙の自然な座標系はないということだ。われわれは物理を記述する助けに座標系をつくり出すが、法則自体はそれらの勝手な選択に依存すべきでないし、してもいない。

座標系を変えるには二つのやり方がある。まず大域的な変化、すなわち時空の各点を一様に変化させるやり方だ。このような大域的対称性変換の一例は、地球表面の地図を作る製図家が用いる緯度と経度の線を一様に移動させるやり方である。その変化が一様であって、地球全体に対して一貫して適用されたものならば、われわれは一つの場所から別の場所へと何の違いもなく航行できるだろう。

だがその変化は局所的、すなわち時空の異なる点の座標に対して異なる変化を与えるようにすることもできるのだ。たとえば、空間のある特定な部分において座標系の軸を小角度回転すると同時にそのスケールを変えるように選ぶことができる。この変化が場所の違いと時間の違いの尺度と解釈できるようなものならば、一般相対性の予言に対して何の違いももたらさない。したがって一般共変性は局所的対称性変換に対する不変性の一例なのである。

ワイルはネーターの定理について長く熱心に考え、リー群とよばれる連続対称性変換の群論について研究した。この群の名前はノルウェー人数学者のソフス・リーに由来する。一九一八年にワイルは、保存則は彼が**ゲージ対称性**という一般的な名称（残念ながらややあいまいな用語ではあるが）を付けた局所的対称性変換に関係しているという結論を下した。彼はアインシュタインの研究に導かれて、固定ゲージの軌道上を走る列車の例のごとく、時空の点と点の間の距離に関係する対称性について考えていた。

彼は一般共変性の原理をゲージ不変性の一つに一般化することによって、アインシュタインの理論が電磁気に対するマクスウェルの方程式を導き出すための基礎として使えることを発見した。彼が発見したものは、当時の科学で知られていた電磁気と重力の二つの力を統一することのできる理論であるように見えた。保存則と同一視できる不変性は、関連する場の「ゲージ」の任意の変化と関係しているのだ。このようにしてワイルは、エネルギー、運動量と角運動量、そして電荷の保存を示そうと期待した。

最初ワイルは、彼のゲージ不変性を空間自体に属するものとした。しかしアインシュタインが直ちに指摘したように、それは測られた棒の長さや時計の読みが、それらの少し前の履歴に依存することを意味した。部屋の中を動き回る時計はもはや正しく時を刻まないのだ。アインシュタインはワイルに手紙で文句を付けた。「現実との一致を別にすれば、（あなたの理論は）少なくとも崇高な知的業績です。」

ワイルはこの批判に当惑したが、これらの問題におけるアインシュタインの直観は普通信頼できるので、それを受入れた。ワイルは彼の理論を捨ててしまったのである。


オーストリア人物理学者のエルヴィン・シュレーディンガーは、その三年後の一九二一年にチューリッヒ大学の教員に加わった。その三カ月後に彼は肺結核の疑いと診断され、完全な安静療法をとるよう指示された。彼は妻のアニーと、流行のスキーリゾート・ダヴォス近くのアローザというアルプスリゾートの村に引きこもり、そこで九カ月を過ごした。

アニーによって健康を取戻した彼は、ワイルのゲージ対称性の重要性、特にワイルの理論に現れる周期的な「ゲージ因子」について熟考した。一九一三年にデンマーク人物理学者のニールス・ボーアは、原子構造に関する理論の詳細について発表した中で、電子はその「量子数」によって特徴づけられる決まったエネルギーで、原子核のまわりを軌道に乗って回るとした。その軌道のエネルギーは、最も内側から最も外側の軌道へと、その順番に対応して大きくなっていく整数（1、2、3、…）によって決定されるのだ。当時はその原因についてはまったくの謎であった。

シュレーディンガーの頭にひらめいたのは、ワイルのゲージ因子が意味する周期性とボーアの量子化された原子軌道が意味する周期性との間に関係があるのではないかという可能性だった。彼はゲージ因子についていくつかの可能な形を調べたが、そのうちの一つが−1の平方根である虚数iに実数を掛けることによってつくられる複素数を含むものであった(注4)。一九二二年に発表された論文で彼は、この関係には深い物理的意味があると提案したが、漠然とした直観によるものであった。この関係の本当の意味は、一九二四年のフランス人物理学者ルイ・ド・ブロイの博士論文を彼が見るまでは、わからなかったであろう。

ド・ブロイは、電磁波が粒子のようにふるまうようにも見えるのと同様に(注5)、多分電子のような粒子も時には波のようにふるまうのではと提唱した。それがどんなものだったとしてもこれらの物質波は、音波や水の波のようななじみ深い波動現象と似たようなものだとはどうしても考えることができなかった。ド・ブロイは、物質波は「位相の空間分布を表す、つまりそれは位相波である」との結

(注4)　これは、−1の平方根が計算できないという意味で想像上の虚の数だ。どんな正の数も負の数も2乗すれば常に正の答えを与える。しかし−1の平方根が存在しないとしても、それで数学者たちがそれを使うのを止めることはない。このように、どんな負の数の平方根もiを使って表すことができる。たとえば−9の平方根は3iであり、複素数あるいは虚数とよばれる。

(注5)　これらは一九〇五年にアインシュタインによって光量子と名付けられたが、今日では**光子**とよばれている。

論を下した（出典3）（注6）。

シュレーディンガーは、もし電子が数学的に波として記述されるのなら、それはどんなものかについて考えることに着手した。一九二五年のクリスマスに彼は再びアローザに引きこもった。彼と妻との関係は最悪なものであったため、彼は昔のガールフレンドをウィーンから彼のもとへ招くことを選んだ。彼はド・ブロイの博士論文のメモも持って行った。一九二六年一月八日に彼が戻ったとき、彼は**波動力学**を発見していた。電子を波として記述し、ボーアの原子理論の軌道を電子の波動関数で記述する理論だ。

いまやその関係性を確立することが可能になった。リー群の一つの例が対称操作群U(1)、すなわち一つの複素変数の変換のユニタリ群だ。この群は、円周上の連続的な回転とさまざまな点でまったく類似な対称性変換と関係している。しかし円が実次元からつくられる二次元平面上に描かれるのに対して、対称操作群U(1)の変換は二次元複素平面上での回転に関係しているのだ。これは二つの実次元から、その一つにiを掛けることによってつくられる。

対称操作群を表現するもう一つの方法は、正弦波の位相角の連続変換によるものだ（図7を参照）。異なる位相角は波の山と谷の間の異なる振幅に対応する。ワイルのゲージ対称性は、電子の波動関数の位相の変化がそれに付随する電磁場の変化とつりあったときに保存される。電荷の保存は、電子の波動関数の局所的位相対称性にまで遡ることができるのである。波動力学とワイルのゲージ理論との関係は、一九二七年に若いドイツ人理論家フリッツ・ロンドンとソ連人物理学者ウラジミール・フォックによって明らかにされた。ワイルは一九二九年に、量子力学を考慮して彼の理論をつくり直し、拡張した。

ド・ブロイの波と粒子の「二重性」は、電子が同時に波と粒子であるとみなすべきであることを意味した。しかしどのようにしてそうできるのだろう？　粒子はわずかな物質として局在しており、波は媒体の中の広がった乱れである（池に石を投げたときにできるさざ波を考えてみたらよい）。粒子は「ここ」にあり、波は「そこにもどこにでも」あるのだ。

波と粒子の二重性の物理的帰結の一つは、量子的粒子の位置と運動量（つまり速度と方向）を同時に正確に測定することはできないということである。これについて考えてみよう。もし波の粒子の位置が正確に測れたとすると、それは時空内に局在していることを意味する。それは「ここ」にあるのだ。波に対してこれが可能となるのは、それが異なる振動数の多くの波形を合わせてつくられる場合に限られる。これらの波形が足し上げられて、空間の一つの場所で大きくなり、他のどんな場所でも小さくなるような一つの波となるのだ。その波は多くの異なる振動数のたくさんの波から構成されて

（注6）　位相波のなじみ深い例は、スポーツの競技場を駆け巡る「メキシカン」ウェーブだ。この波は個々の観客の動作によってつくられる。観客が腕を上げながら立ったり（位相の山）、席に座ったり（位相の谷）して、姿勢を変える動作だ。位相波は調和のとれた観客の動きの結果生ずるもので、それを支える個々の観客よりもずっと速く競技場を駆け巡ることができるのだ。

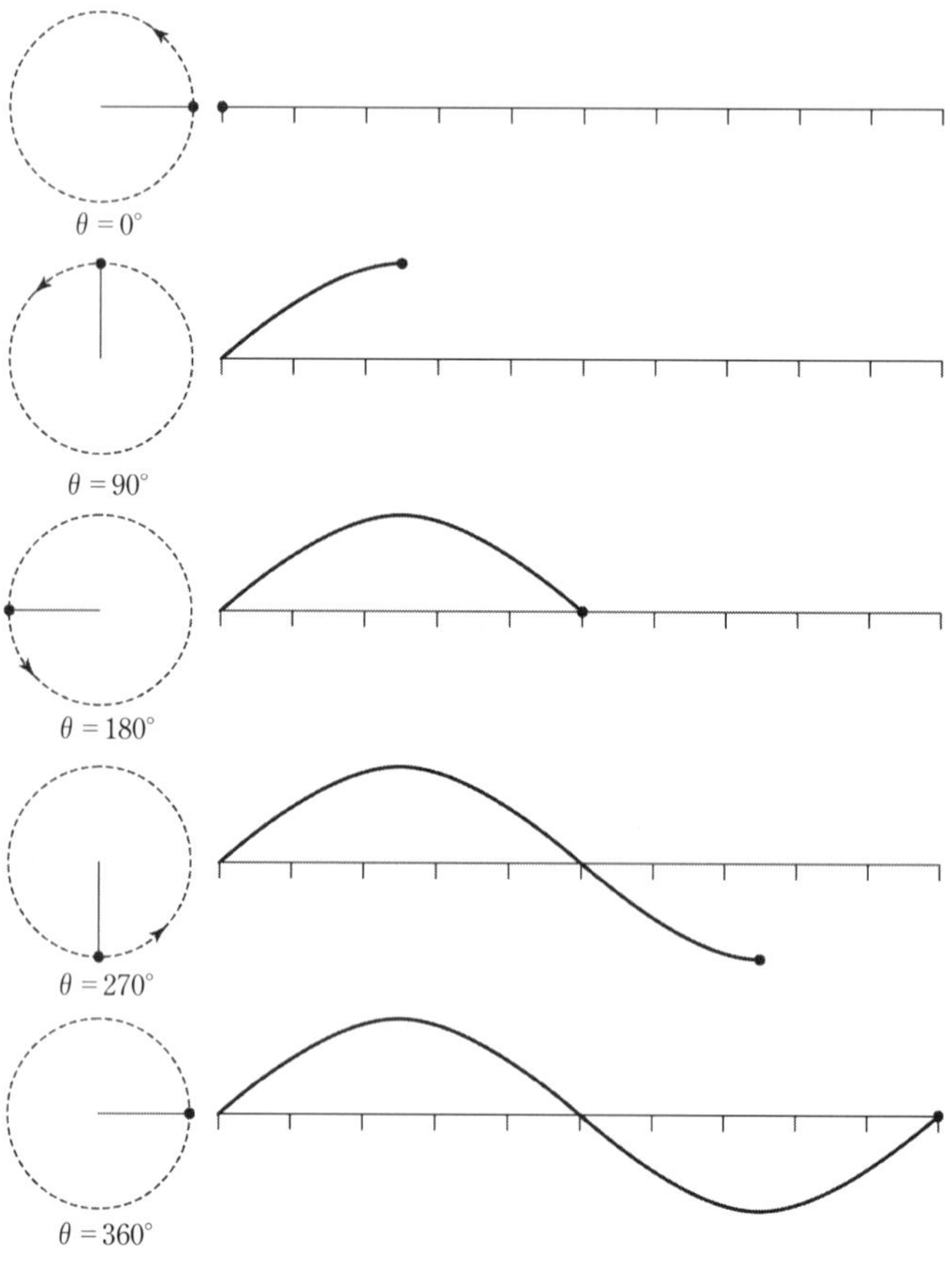

図 7　対称操作群 U(1)は，一つの複素変数の変換のユニタリ群である．一つの実軸と一つの虚軸からつくられる複素平面内で，原点から引かれた線分を回転させることによってつくられる円の周上のどんな複素数も，線分と実軸とがなす連続的なある角度 θ を与えることによって特定できる．連続対称性と単純な波動との間には深遠な関係があり，角度 θ は位相なのだ．

いるはずなので、位置を知るということは、波の振動数が完全に不確定になるという代償を払わねばならないということなのだ。

しかしド・ブロイの仮説では、波の振動数は粒子の運動量と直接関係している（注7）。したがって振動数の不確定性は運動量の不確定性を意味する。

逆もまた真である。もし波の振動数、したがって運動量について正確に知りたいとすると、一つの振動数をもつ一つの波に限定しなければならない。しかしそうすると波を局在化させることができない。波の粒子は空間に広がったままで、正確な位置はもはや測定できないのである。

この位置と運動量の不確定性が、ドイツ人物理学者ヴェルナー・ハイゼンベルクによって一九二七年に発見された有名な**不確定性原理**の根幹である。これが基本的な量子物体に関する波と粒子のふるまいの二重性からくる直接的な帰結なのである。

ワイルは一九三〇年にゲッティンゲンに戻り、ヒルベルトが退職したあと空席となっていた教授職に就いた。彼はそこでネーターと合流した。彼女は、一九二八年から二九年にかけての冬の間に研究

（注7）　ド・ブロイの関係式は$\lambda = h/p$と書き表される。ここでλは波長（振動数の逆数に関係している）で、hはプランク定数、そしてpは運動量である。これが意味することは、cを光速度、νを振動数として、$p = h\nu/c$ということである。

休暇としてモスクワ州立大学にいた短期間を除き、ゲッティンゲンに滞在していたのだ。

一九三三年一月にアドルフ・ヒットラーがドイツの首相となった。その数カ月後、ヒットラーの国家社会主義者政府は職業官吏再建法を制定した。これは、四百もの同様な法律の最初のものであり、ユダヤ人がドイツの大学の研究職などを含めた公務員の職に就くのを、ナチスが禁止できる法的基盤を与えるものであった。

ワイルの妻はユダヤ人であった。彼はドイツを去り、ニュージャージー州プリンストンの高等研究所のアインシュタインと合流した。ネーターはユダヤ人であり、ゲッティンゲンでの彼女の職を失った。彼女は正教授の地位には決して昇進できないでいた。彼女はペンシルヴェニア州の文科系大学のブリンモアカレッジへ移り、二年後五三歳で死んだ。

彼女の死後まもなくニューヨークタイムズに載った死亡記事で、アインシュタインはこのように書いている（出典4）。

「最も有能な現代の数学者たちの意見では、ネーター女史は女子高等教育が始まって以来最も著しく創造的な数学の天才であった。代数学の領域においては、これまで何世紀にもわたって最も天分豊かな数学者たちが活発に研究を行ってきたが、彼女は今日の若い世代の数学者たちの発展にとって非常に重要なものとなる方法を発見した。純粋数学は、それ自体、論理的考えの詩である。人は、外面的な関係性をできるだけ大きな範囲にわたって、単純で論理的で統一された形へとまとめるやり方の、最も一般的な考えを捜し求める。崇高な式は、論理的美しさへと向かうこの努力において、自然界の法則への深い洞察にとって必要であることが見いだされた。」

第二章　言い訳にもなっていない

チェンニン・ヤンとロバート・ミルズが強い核力の量子場理論をつくろうとして、ヴォルフガング・パウリをいらだたせたこと

一九二七年にディラックが量子理論とアインシュタインの特殊相対性理論を結び付けることに成功したとき、得られた結果は電子スピンと反物質であった。ディラックの方程式がまったく驚異的なものであるとみなされるのは正しいが、それで話が終わるわけではないことも直ちに認識された。物理学者たちは、**量子電磁力学**（ＱＥＤ）の完全に相対論的な理論が必要であることを認め始めていた。これは本質的には、アインシュタインの特殊相対性理論に従っているマクスウェル方程式の量子版なのだ。そのような理論は、必然的に電磁場の量子版を組入れたものであろう。

幾人かの物理学者は、場のほうが粒子より基本的なものだと考えた。正しい量子場の記述としては、場自体が量子として粒子を生み出し、それが相互作用をする粒子同士の間で力を媒介するべきであると考えたのだ。光子は量子電磁場の「場の粒子」であり、荷電粒子が相互作用するときに生成、消滅するのは明らかなように見えた。

一九二九年にドイツ人物理学者ヴェルナー・ハイゼンベルクとオーストリア人のヴォルフガング・パウリは、ちょうどこのような量子場理論の一つの例をつくった。しかしそれには大きな問題があっ

た。物理学者たちは、その場の方程式が厳密には解けないことを見いだしたのだ。言い換えれば、場の方程式の解をどんな場合にも応用できるような一つの自己完備した数学的表現の形に書き下すことができないのだ。

ハイゼンベルクとパウリは、場の方程式をいわゆる**摂動展開**で解くという別の方法に頼らざるをえなかった。この方法では、方程式は潜在的には無限個の項からなる級数、$x^0+x^1+x^2+x^3+\cdots$ のような形に書き換えられる。この級数は「ゼロ次」の（すなわち相互作用のない）表現から始まり、これは厳密に解くことができる。これに付加的な（摂動）項が加えられる。一次の補正（x^1）から、二次（x^2）、三次（x^3）などの補正が続いてゆく。原理的には、展開の各項の補正はゼロ次の結果に比べて順を追って小さくなり、次第に計算結果が実際の結果へと近づいてゆく。したがって最終結果の精度は、単に計算に含まれる摂動項の数に依存する。

しかし彼らは、補正が次第に小さくなってゆくのではなく、摂動展開の中のある項が無限に大きくなってしまうことを見いだした。電子の量子場理論に適用してみると、これらの項は電子の「自己エネルギー」、すなわち電子が自分自身の電磁場と相互作用することからくる結果であるとみなされるのだ。

明白な解答はなかった。

ここで問題は小休止した。一九三二年にチャドウィックが**中性子**を発見した。この発見から数年の

間にイタリア人物理学者のエンリコ・フェルミは、高エネルギーの中性子を異なる化学元素の原子に当てることによって、興味深い新物理の探索を行った。ドイツ人化学者のオットー・ハーンとフリッツ・シュトラスマンはフェルミの結果に当惑し、ウラン原子に中性子を当てたときの生成物を調べてみた。彼らが得たのは、さらに困惑させる結果であった。一九三八年のクリスマスイブに、ハーンの長年の協力者であるリーゼ・マイトナーと彼女の甥の物理学者オットー・フリッシュは、この結果について議論した。当時二人ともナチスドイツから亡命中であった。彼らの激しい議論は、原子核分裂の発見へと導いたのだ。

この重大な発見が報告されたのは、一九三九年一月、第二次世界大戦が始まるほんの九カ月前のことであった。「別世界のインテリたち」は、国家の最も重要な軍事資源へと変えられた。そのときから物理学者たちは、原子核分裂の発見を世界で最も恐ろしい兵器に変えるために働いたのだ。

時は下って一九四七年になり、ようやく彼らの注意が量子電磁力学を取巻く問題に戻ってくるまで、理論物理学の沈滞は二〇年近く続いたことになる。

しかしその後直ちに創造性が再び大きく湧出した。一九四七年六月、主導的な米国人物理学者たちのグループが、ニューヨークのロングアイランド東端のシェルター島にある小さなホテル・ラムズヘッドインで開かれた招待者限定の小さな会議に集まった。

これは傑出したグループであった。その中には、原子爆弾の「父」であるＪ・ロバート・オッペンハイマーや、ロスアラモス研究所の理論部を率いたハンス・ベーテ、ヴィクター・ワイスコップ、イジドール・ラービ、エドワード・テラー、ジョン・ヴァン・ヴレック、ジョン・フォン・ノイマン、ウィリス・ラム、そしてヘンリク・クラマースがいた。新世代の物理学者を代表したのは、ジョン・ホイーラー、アブラハム・パイス、リチャード・ファインマン、ジュリアン・シュウィンガー、そしてオッペンハイマーの元学生のロバート・サーバーとデヴィッド・ボームだ。アインシュタインは参加するよう招待されたが、体調不良を理由に断った。

物理学者たちは、いくつかの気になる新しい実験結果を聞いた。水素原子の一つの量子状態のエネルギーがもう一つの状態と比べてわずかにずれていることが見つけられたのである。これは、その発見者であるウィリス・ラムにちなんで、**ラムシフト**とよばれることになる現象だ。ディラックの理論は、この両方の状態のエネルギーがまったく同じであることを予言していた。

さらにあった。ラービは、電子の***g*****因子**（電子と磁場の相互作用の強さを反映する物理定数）が二・〇〇二四四という大きさの値をもつことを発表した。ディラックの理論は、*g*因子が正確に二であることを予言していた。

これらの結果は、完全な形のQEDなくしてはまったく予言できないものであった。理論は数学的構造に由来する問題を含んでいたが、自然自体には無限大の問題はない。物理学者たちはなんとかこの問題を回避する道を見つけなければならなかった。

議論は長く続き、夜に入った。物理学者たちは、二、三のグループに分かれ、彼らの議論は廊下にこだました。彼らに物理に対する情熱が戻ったのだ。シュウィンガーは後にこう語った。「これは、五年間このすべての物理を自分自身の中に閉じ込めておいた人たちが、初めて自由にお互い話し合えるようになった瞬間だったのだ。彼らの肩越しに誰かに覗き込まれて『これは解決したか？』と言われずにね。」（出典1）

そして一縷の望みがやってきた。オランダ人物理学者のクラマースが、電磁場中の電子の質量に関する新しい考えの概略を述べた。彼は電子の自己エネルギーを電子質量の付加的な寄与として扱うことを提案した。

会議の後、ベーテはニューヨークへ戻り、ゼネラル・エレクトリックのパートタイム相談役として働いていたスケネクタディへ向かう列車に乗った。彼は列車の中でＱＥＤの方程式に考えをめぐらせた。ＱＥＤの既存の理論は、電子の自己エネルギーの結果として無限大のラムシフトを予言していた。そこでベーテはクラマースの提案に従って、摂動展開の中の無限大の項を電磁気の質量効果とみなしてみた。その場合、どのようにして無限大の項を取除くことができるのだろうか？

彼は、単に引き算してしまえばいいのではと考えた。水素原子中に束縛された電子に対する摂動展開は、無限大の質量項を含んでいる。しかし自由電子に対する展開も、同じ無限大の質量項を含んでいる。片方の摂動級数からもう一方を単に引き算してはどうだろうか。それによって無限大の項が取除かれるのでは？　これは無限大から無限大を引き算するので、無意味な答えを与えるのではなかろうか（43ページ、注1）。しかしベーテは、ＱＥＤを非相対論化した単純な例では、この引き算のもたらす結果が、まだ問題はあったとはいえ、より整然としたふるまいを示すことを見いだした。彼は、アインシュタインの特殊相対性理論を完全に組込んだＱＥＤでは、この「くりこみ」（用語解説 *10* ページ参照）の処方が問題を完全に取除いて、物理的に現実的な解が得られるであろうと考えた。

この処方が方程式のふるまいを一部和らげるものだったので、彼はラムシフトの大きさの予想値を荒い見積りで求めることができた。彼の計算にはファクター2程度の不確かさがあったので、彼はゼネラル・エレクトリックの研究所に到着すると直ちに図書室へ行き、彼が正しい答えを得たことを確認した。彼は、シェルター島の会議でラムが報告した実験値よりもほんの四パーセントだけ大きなラムシフトの予想値を得たのであった。

彼は確実に何かをつかんでいた。


このようにくりこみのできる最終的な相対論的QEDが、その発展を遂げるまでには、もう少し時間が必要であった。一九四八年三月にペンシルヴェニア州スクラントンのポコノマウンテンにあるポコノマナーインで二回目の会議が開催されたとき、シュウィンガーは四時間にわたるマラソンセッションで彼の説について説明した。彼の数学はほとんど理解できないものであった。ただフェルミとベーテだけが最後まで彼の導出についていけたように見えた。

シュウィンガーのニューヨークでのライバルであったファインマンは、それまでの間、QEDの摂動補正を記述して整理するまったく異なる、非常に直感的な方法を開発していた。双方とも互いの方法を理解していなかった。しかしシュウィンガーのセッションの後でノートを比べてみたとき、彼らの結果は一致していたことがわかった。「それで私は気が違っていたわけじゃないと思ったよ。」ファインマンはそう言った(出典2)。

これで話は終わったように見えた。しかしオッペンハイマーは、ポコノ会議から戻って間もなく、日本人物理学者の朝永振一郎から届いた手紙で、QEDに対するもう一つ別の成功した方法があることを知った。朝永はシュウィンガーと似た方法を使っていたが、彼の数学のほうがずっと明快であるように見えた。事態はややまぎらわしくなってきた。これらのまったく異なる相対論的QEDの方法は同じ答えを与えたが、それがどうしてそうなるのか誰も理解できなかったのである。

この問題に挑戦したのが、フリーマン・ダイソンという若い英国人物理学者だった。一九四八年九月二日に彼は、カリフォルニアのサンフランシスコ近くのバークレーから、東海岸へ向かうバスに乗った。「旅の三日目に驚くべきことが起こった。」数週間後、彼は両親への手紙に書いた。「バスに四八時間も乗っていて、半昏睡のような状態になった。物理のこと、それから特にシュウィンガーとファインマンのライバル放射理論について、とても強く考え始めた。次第に考えがまとまっていって、私がどこにいるのかわかる前に、この年ずっと私の心の底にあった問題を解いたのだ。それはその二つの理論の等価性を証明することだった。」(出典3)

その結果は、完全に相対論的なQEDの理論であって、実験結果を驚くべき確からしさと精度で予

(注1)　よくわからないだろうか？　これを試してみよう。整数の無限数列の和、1＋2＋3＋4＋… は明らかに無限大だ。しかし偶数の無限数列の和、2＋4＋6＋8＋… も無限大だ。では、整数の級数から偶数の級数を引き算することによって、無限大から無限大を引いてみよう。答えは、奇数の無限級数、1＋3＋5＋7＋… で無限大となってしまうが、それでもこれは完全に「意味のある」結果なのである。この例はグリッビンの四一七ページからとった。

言していた。電子のg因子のQEDによる予想値は2.00231930476だ。これと比較すべき実験値は2.00231930482だ(注2)。「これらの数値の精度がどんなものか教えよう。」ファインマンは後にこう書いた。「それはこういうふうに考えてみればいい。これと同じ精度でロサンゼルスからニューヨークまでの距離を測ろうとすると、それは人間の髪の毛の太さと同じ位の正確さになるだろう。」(出典4)

QEDの成功は、いくつかの重要な先例を確立した。いまや基本的粒子とその相互作用を記述するには、場の粒子が力を媒介する量子場理論によるのが正しいやり方であると思われた。電磁気U(1)のマクスウェル理論と同様に、QEDはU(1)ゲージ理論であって、電子の波動関数の局所U(1)位相対称性は電荷の保存と結び付いている。

次は原子核の中の陽子と中性子の間の**強い力の量子場理論**に注意が向けられた。しかしここにはもう一つの謎があった。電荷の保存と電磁気の間の関係(古典論、量子論のどちらでも)は直感的に明白であった。もし強い力の量子場理論が発見されるとすると、第一に必要なことは、強い力の相互作用では何が正確に保存されるのかと、それがどのような連続対称性変換と関係しているのかを見つけ出すことだ。中国人物理学者のチェンニン・ヤンは、強い力を含む原子核の相互作用で保存される量はアイソスピンであると考えた。ヤンは一九二二年に中国東部の安徽省の省都合肥市で生まれた。昆明の国立西南連合大学(一九三七年に日本軍の侵入に次いで清華大学、北京大学、南開大学から構成された)で学び、一九四二年に卒業した。その二年後、修士号を与えられた。彼はボクサー賠償金(注3)として知られる奨学金を得て、一九四六年にシカゴ大学に向かった。

シカゴで彼は、エドワード・テラーの指導のもとで原子核物理を学んだ。米国人の発明家で政治家のベンジャミン・フランクリンの自叙伝を読んで啓発され、彼は「フランクリン」あるいは単に「フランク」というミドルネームを付けた。一九四八年に博士号を得て、その後の一年間はフェルミの助手として働いた。一九四九年に彼はプリンストンの高等研究所に移った。

プリンストンで彼は、ネーターの定理を強い力の量子場理論に適用する方法について考え始めた。アイソスピン（またはアイソトピックスピン）の概念は、陽子と中性子の質量がほぼ同じであるという単純な事実から出てきたものだ(注4)。中性子が一九三二年に発見されたとき、それが陽子と電子から構成される複合粒子であると想定されたのは自然なことである。ベータ放射性崩壊が、原子核か

（注2）　これらの数値は、実験・理論ともに常に更新されている。ここであげた値は、G. D. Coughlan and J. E. Dodd, "The Ideas of Particle Physics: An Introduction for Scientists", p. 34, Cambridge University Press (1991). からとったものである。

（注3）　これは、一九世紀末の義和団の乱に対し、中国が支払った賠償金を基金として、米国によって運営された奨学金である。

（注4）　原子より小さい粒子の質量は、一般的にエネルギーで与えられ、それらはアインシュタインの方程式 $m = E/c^2$ で関係付けられる。陽子の質量は 938.3 MeV/c^2 だ。ここで MeV はメガ（百万）電子ボルトを意味する。中性子の質量は 939.6 MeV/c^2 だ。質量の単位の中の c^2 は省略されることがよくあるが、それは暗に含まれているということだ。この書き方では、質量はそれぞれ 938.3 MeV や 939.6 MeV のように簡単になる。電子ボルトとは、負電荷の電子一個が一ボルトの電位差で加速されるときに得るエネルギー量のことである。

ら直接飛び出してくる高速の電子を含み、中性子を陽子に変える過程であることはよく知られていた。これは、ベータ放射能においては、複合粒子である一つの中性子が、それに「くっついている」電子をどうにかして解き放したことを意味するように思われた。

中性子の発見のわずか後にハイゼンベルクは、原子核中の陽子と中性子の相互作用の初期理論を発展させようとして、中性子が陽子と電子でできているという考えを用いた。それは化学結合の理論にしっかりと基礎をおいたモデルであった。

ハイゼンベルクは、原子核中で陽子と中性子が互いに結び付いているのは、それらの間で電子を交換していることによるという仮説を立てた。この過程では、陽子は中性子に変わり、中性子は陽子に変わるのだ。二つの中性子の間の相互作用は、二個の電子がそれぞれ別の「方向」に交換されるというものだ。

この交換は、原子核中では陽子と中性子はそれらの独自性を失っているようであり、一つの形態から別の形態へ常に移り変わっていることを示唆している。これは、陽子と中性子が単に同一の粒子の異なる状態であり、それらは状態の性質の違いによって見分けられることを想定するハイゼンベルクの目的に合っていた。その異なる状態は、異なる電荷、もちろん一つが正でもう一つが中性の電荷、をもっている。しかし彼の理論を働かせるためには、電子スピンに似た別の性質を導入する必要があった。

そこで彼は、電子スピンと混同しないよう、**アイソスピン**という概念を導入した。陽子には上向きスピン状態（これは自由に選べる）を割り当て、中性子には下向きスピン状態を割り当てるのだ。これらの状態は「アイソスピン空間」内のもので、この空間は上向きか下向きかの二次元しかない。したがって、中性子を陽子に変えることは、アイソスピン空間内で中性子のスピンを下向きスピンから上向きスピンへと「回転」することに等しい。

これはまったく不可解に思われるだろうが、アイソスピンはさまざまな点で電荷とよく似たものなのだ。電荷についてわれわれがよく知っていることの背後には、次のような事実があること見逃してはならない。それは電荷が、抽象的な二次元の「荷電空間」の中で、正と負の「値」(「方向」ではなく)をとるという性質でもあることだ。

化学結合の理論の単純な類推としてではあったが、ハイゼンベルクの理論はもう伸展といえるものだった。電子の交換による化学的結合の強さは、原子核内で陽子と中性子を結び付けている力よりずっと弱い。しかしハイゼンベルクは、非相対論的量子力学を原子核自体に適用するために、彼の理論を使うことができたのだ。一九三二年に発表された一連の論文の中で、彼は原子核物理における多くの実験結果、たとえば同位元素の相対的な安定性などを説明した。

この理論の弱点は、そのほんの数年後に行われた実験によって明らかにされた。陽子にはそれに「くっついている」電子はないので、ハイゼンベルクの電子交換モデルでは陽子同士の間のどんな種類の相互作用もあり得ない。これに対し実験は、陽子同士の間の相互作用の強さが陽子と中性子の間のものと同程度であることを示していたのだ。

その理論の欠点にもかかわらず、ハイゼンベルクの電子交換モデルには少なくとも一片の真実はあった。電子の交換は捨て去られたが、アイソスピンの概念は保持されたのだ。強い力に関する限りは、陽子と中性子は本質的に同じ粒子の二つの状態であるのだ。これは電子の二つのスピン状態とよく似ている。陽子と中性子の間の唯一の違いがアイソスピン状態なのだ。

陽子と中性子のそれぞれのアイソスピンは足し上げられて、全アイソスピンとなる。この概念は、一九三七年に物理学者のユージン・ウィグナーによって初めて導入された。原子核反応の文献は、まさに物理および化学過程において電荷が保存しているように、全アイソスピンが保存するという考えを支持しているようにみえた。ヤンはそこで、QEDにおける電子の波動関数の位相対称性のように、アイソスピンが**局所ゲージ対称性**であると考えた。そしてアイソスピンを保存するような量子場理論の探求にとりかかった。

彼はじきに行き詰まってしまったが、この問題に取りつかれることになった。「何かに取りつかれることは、時には最終的に何かよいものになることがある。」と彼は後に述べた(出典5)。

一九五三年の夏に彼は高等研究所から短い休暇をとり、ニューヨーク州ロングアイランドにあるブルックヘブン国立研究所を訪問した。彼がそこで研究室を共有したのは、ロバート・ミルズという名の若い米国人物理学者だった。

ミルズはヤンが取りつかれた問題に夢中になり、二人は共同で強い核力の量子場理論の研究を行った。「他にもっと急いでやることがなかったのだ、」何年か後にミルズは説明した。「彼と私はちょっと自問した。『ここに一度起きたことがある。もう一度起きてもいいんじゃないか?』とね。」(出典6)

ＱＥＤでは、時空内での電子の波動関数の位相の変化は、対応する電磁場の変化と釣り合っている。位相対称性が保存するよう、場が「押し戻して」いるのだ。しかし強い核力の新しい量子場理論は、ここで二つの粒子が関わっているという事実を説明しなければならなかった。もしアイソスピン対称性が保存しているとすると、それは強い相互作用は陽子と中性子の間に何の違いも見えないことを意味する。したがって、たとえば中性子を「回転」して陽子に変えることによってアイソスピン対称性を変化させることは、場が「押し戻して」対称性を回復させることを必要とする。そういう訳でヤンとミルズは、このような役目をするように意図された新しい場を導入し、それを「Ｂ」場と名付けた。

単純な対称操作群Ｕ(1)では、この種の複雑さに対して不十分である。ヤンとミルズは対称操作群ＳＵ(2)にたどり着いた。これは二つの複素変数の変換に対する特殊ユニタリ群である。単に互いに入れ替わることができる二つの物体がいまや存在しているのであるから、より大きな対称操作群が必要だったのだ。

その理論は三つの新しい場の粒子を必要とした。ＱＥＤにおける光子と同じ様に、原子核内の陽子と中性子の間の強い力を媒介する役目を担うものだ。三つの場の粒子のうち二つは、電荷をもつことが要求された。これは陽子－中性子や中性子－陽子の相互作用で起こる電荷の変化を説明するためだ。ヤンとミルズはこれらの粒子をB^+とB^-とよんだ。三番目の粒子は、光子のように中性であり、それは電荷の変化を伴わない陽子－陽子や中性子－中性子の相互作用を説明するためだ。これはB^0とよばれた。これらの場の粒子は、陽子や中性子と相互作用するだけでなく、自分自身とも相互作用することが見いだされた。

夏の終わりには彼らは答えを出していた。しかしこの答えには多くの問題があった。

第一には、QEDでは非常にうまくいったくりこみの方法が、ヤンとミルズが考案した場の理論には適用できなかったのだ。さらに悪いことには、摂動展開の次の項は、場の粒子が光子とまったく同様に、質量をもてないことを示していた。しかしこれは自己矛盾であった。ハイゼンベルクと日本人物理学者の湯川秀樹は一九三五年に、強い力のような短距離力の場の粒子は「重い」必要があることを提唱していた。すなわちそういう粒子は、大きくて、質量をもっていなければならないのである。強い力の場の粒子で質量のないものなど、まったく意味をなさないのだ。


ヤンはプリンストンに戻った。一九五四年二月二三日に彼は、ミルズとした研究についてセミナーで発表した。聴衆の中にはオッペンハイマーや、一九四〇年にプリンストン大学に移ってきたパウリがいた。

実のところパウリも、以前同様の論理をいくつか検討しており、質量のない場の粒子に関する同じような不可解な結論に達していたのだった。その結果、彼はその研究方法を諦めたのだ。ヤンが彼の方程式を黒板に書いたとき、パウリは声を上げた。

「そのB場の質量は何なのだ?」彼は質問し、答えを待った。

「わかりません。」ヤンはいくぶん弱々しく答えた。

「そのB場の質量は何なのだ？」パウリは問い質した。

「われわれはその質問については調べてみました。」ヤンは答えた。「それは非常に複雑な質問です。われわれは今それに答えることはできません。」

「それは言い訳にもなっていない。」とパウリはぼやいた（出典7）。

ヤンはあっけにとられ、全身恥ずかしさのあまり座り込んでしまった。「フランクに続けてもらいたいと思います。」オッペンハイマーは促した。ヤンは講演を再開した。パウリはそれ以上質問しなかったが、いらいらしていた。次の日、彼はヤンにメモを残した。曰く、「セミナーの後、君が話す機会をつくってくれなかったのは残念だ。」（出典8）

それは簡単に解決できるような問題ではなかった。質量なしでは、ヤン－ミルズ場の理論における場の粒子は物理的な予想と合わないのだ。理論が予言する通りそれらの場の粒子が質量をもたないとすると、それらは光子のようにいたるところにあることになってしまうが、そのような粒子はこれまで見つかっていないのである。確立されているくりこみの方法がここではうまく働かないのだ。

それにもかかわらず、これは素晴らしい理論だったのだ。

「そのアイデアは美しいので、発表すべきだ。」ヤンは後に書いた。「しかしそのゲージ粒子の質量は何なのだろう？　われわれにはしっかりとした結論はなく、この問題が電磁気よりもっとずっと複雑であることを示した、いらだたしい経験だけが残った。われわれは物理的理由により、荷電ゲージ

粒子は質量ゼロではありえないと信じるほうに傾いていた。」（出典9）

一九五四年十月にヤンとミルズは彼らの結果を載せた論文を発表した。その中で彼らはこう書いた。「われわれは、B量子の質量の問題に対する満足な答えはもっていないが、次はこの問題を検討するだろう。」（出典10）

彼らの研究はその後進展を見せず、彼らの興味は別のほうへ移っていった。

第三章　それは人にはまったく理解されないだろう

マレー・ゲルマンがストレンジネスと「八道説」を発見し、シェルドン・グラショーがヤン－ミルズ理論を弱い核力に応用し、人はそれをまったく理解しなかったこと

ヤンとミルズは、ＱＥＤ（量子電磁力学）の成功を繰返そうと、強い力の相互作用の問題に対して量子場理論を適用しようとした。しかし彼らは、その理論がくりこみ可能でなく、質量をもつべきところ質量のない粒子が出てしまうのを見いだした。明らかにこれは強い力に対する解答ではない。

しかし弱い核力はどうなのだろう？

弱い力はかなり神秘に満ちていた。一九三〇年代の初頭、イタリア人物理学者のエンリコ・フェルミはベータ放射能の詳細な理論において、新しいタイプの核力を導入せざるをえなかった。一九三三年のクリスマスにイタリアアルプスでのグループスキー休日を過ごしたとき、フェルミは彼の理論について同僚に話した。その同僚のエミリオ・セグレは後にそのときの経験をこう述べた。「…われわれはホテルの部屋の一つのベッドの上に皆で座っていた。私は凍った雪の上に何度かころんだ後だったので、その場所にじっとしていることはつらかった。フェルミは、彼の仕事の重要性に十分気付いていて、この論文がこれまでで彼の最高のものであって、彼はこれによって記憶されるだろうと語っ

た。」(出典1)
　フェルミは弱い力と電磁気の間に平行線を引いた。その結果得られる電磁気と似た理論から、放出されるベータ電子のエネルギー（したがって速度も）の範囲を導き出すことができた。彼の予想は、一九四九年にコロンビア大学の中国系米国人物理学者のチェンシュン・ウーによって行われた実験でその正しさが示された。フェルミの理論は、若干の修正を加えれば、今日に至るまで有効なものである。
　フェルミは、ベータ放射能における粒子間の相互作用の強さが、荷電粒子間の電磁相互作用より百億倍ほど弱いことを導いた。これは確かに弱いものだが、その力からはある重要な帰結が導かれるのだ。弱い力のため中性子は本質的に不安定になるのである。自由空間を飛んでいる中性子は、平均でちょうど一八分間そのまま生き延びる。これは基本的粒子あるいは素粒子としては、まれな性質である(注1)。
　もちろん一つのタイプの相互作用を説明するためだけに、自然界の新しい力を導入しなければならないというのはやや行き過ぎかもしれない。しかし実験家たちが、高エネルギーの衝突の破片の中から次々に出現した新粒子の「動物園」を厳密に調べ始めると、弱い力を受ける別種の粒子の証拠が見つかり出したのだ。

一九三〇年代には、高エネルギー粒子衝突の研究をしようとすると、山へ登らなければならなかっ

た。宇宙空間から来る高エネルギー粒子の流れである宇宙線は、上層大気の上に絶えず降り注いでいる。宇宙線を構成する粒子のうち非常にエネルギーの高いものは、大気の比較的低い所まで到達することができ、山の頂上から手の届く高さにまで達する。そこでそれらの粒子の起こす反応を研究できるのだ。そのような研究は粒子がたまたま検出できるかどうかにかかっている。そうした反応はランダムであるため、まったく同じ状態で起こる反応事象は二つとしてない。

一九三二年に米国人物理学者のカール・アンダーソンは、ディラックの陽電子を発見した。四年後、彼と米国人の同僚のセス・ネッダーマイヤーは、彼らの粒子検出器を平台トラックに積み込み、ロッキー山脈にあるパイクスピークの頂上へと向かった。そこはコロラドスプリングスの西、約十マイルの地点だ(注2)。宇宙線が通過して残した飛跡の中に、物理学者たちはもう一つの新しい粒子を確認した。その粒子は、電子と似た性質をもっていたが、磁場による曲がり方がずっと少ないことがわかったのだ。

(注1)　弱い力の相互作用のさらに重要な帰結について知りたいなら、標準太陽モデルを見るのが最もよいだろう。これは太陽がどのように働いているかを記述する現代の理論である。太陽中心部では陽子（水素の原子核）が核融合を起こしてヘリウムの原子核がつくられているが、ここでは二つの陽子が陽電子二つとニュートリノ二つを放出して二つの中性子に変わる過程が含まれている。これは弱い力によるものなのである。

(注2)　実際のところ、彼らのトラックは高速道路の料金所まで行くこともできず、残りの道のりをロープで牽引してもらわねばならなかった。こうした実験のための科学者の予算は極度に限られていたのだ。だが幸運なことに、彼らはそこで新型のシボレーのトラックを山で試験していたゼネラルモーターズの副社長と出会ったのだ。彼は親切にも科学者たちのトラックを牽引するよう手配し、エンジンを交換する費用を払ってあげたのだ。

その粒子は、同じ速度の電子よりも大きな弧を描いて曲がり、そして同じ速度の陽子より小さな弧で（反対の方向に）曲がった。それは普通の電子の約二百倍の質量をもつ新しい「重い」電子であると結論する以外になかった。それは陽子ではありえなかった。陽子の質量は電子の約二千倍であるからだ（注3）。

その新粒子は最初メソトロンとよばれたが、後に縮めて**メソン**（**中間子**）とよばれるようになった。この発見はあまり歓迎されないものであった。電子を重くしたようなものなど、自然が基本的な構成要素でどのように組立てられているかを記述しようとするどんな理論や予想とも相容れないものだった。

ガリシア生れの米国人物理学者のイジドール・ラービは、ひどく立腹して、「誰がそんなものを注文したのだ？」と問い質した（出典2）。ウィリス・ラムは一九五五年のノーベル賞講演で、当時のいらだち感をふり返ってこう述べた。「新粒子の発見者には普通ノーベル賞が与えられる。だがこんな発見には一万ドルの罰金を科すべきだ。」（出典3）

一九四七年にもう一つの新粒子が宇宙線の中から発見された。ブリストル大学の物理学者のセシル・パウエルと彼の研究チームが、ピレネー山脈のフランス側にあるピクデュミディの頂上で行ったものだ。その新粒子は、電子質量の二七三倍と、メソンよりやや大きい質量をもっていることがわかった。それには電荷が正のものと負のものがあったが、後に中性のものも見つけられた。

物理学者たちはいまや名前をどうするかで困ってしまった。メソンはミューメソン（ミュー中間子）と改名され、後に縮めて**ミューオン**とよばれるようになった（注4）。新粒子のほうは**パイメソン**

（パイオン、パイ中間子）とよばれた。宇宙線によってつくられた粒子を検出する技術がさらに進歩し、水門が開かれた。パイオンのすぐ後には、正と負の**Kメソン**（K中間子）、そして中性の**ラムダ粒子**が続いた。新しい名前が激増した。一人の若い物理学者の質問に答えて、フェルミは言った。「若者よ、もしこれらの粒子の名前を覚えていられるのだったら、私は植物学者になっていたよ。」（出典4）

K中間子とラムダは少々奇妙なふるまいを示した。これらの粒子は大量に生成され、それは強い力の相互作用の特徴であった。それらは対になって生成され、特徴的な「V」字形の飛跡を残して崩壊した。これらの粒子は生成後、検出器中をしばらく走ってから崩壊する。崩壊が生成より長くかかるということは、生成は強い力によるが、崩壊はずっと弱い力によるものと考えられる。実際それは放射性ベータ崩壊を支配するものと同じ弱い力であると思われた。

アイソスピンではK中間子とラムダ粒子の奇妙なふるまいを説明することができなかった。これらの新粒子は何か別の、したがってまだ知られていない性質をもっているように思われた。

米国人物理学者のマレー・ゲルマンは困惑していた。これらの新粒子のふるまいは、何らかの理由でアイソスピンが一だけずれていたら説明できるとわかったからだ。これでは物理的に意味をなさな

（注3）　実際陽子と電子の静止質量（速度がゼロのときの粒子の質量）の比は一八三六である。
（注4）　当時は混乱期であった。この後すぐはっきりするように、ミューメソンは「メソン」と総称して知られることになる粒子群には実際属さないものだ。

いので、彼はそこで後に**ストレンジネス**とよばれることになる新しい性質を提案し、これによってアイソスピンのずれを説明しようとした(注5)。彼は後にこの名称をフランシス・ベーコンの言葉を借りて不滅のものとした。「プロポーションにおいて何らかの奇妙さがないものに、素晴らしい美はない。」(出典5)

ゲルマンは、それが何であれストレンジネスは強い力の相互作用においてアイソスピンのように保存されると主張した。「通常の」（すなわち奇妙でない）粒子が関与する強い力の相互作用において、ストレンジネスの値が+1の奇妙な粒子が生成されるときには、全ストレンジネスが保存されるよう、ストレンジネスの値が−1の奇妙な粒子がそれに伴って生成されなければならない。これが、なぜ奇妙な粒子が対で生成されるかの理由だ。

ストレンジネスの保存は、なぜ奇妙な粒子の崩壊にそれほど長くかかるのかも説明した。ひとたび生成されるとそれぞれの奇妙な粒子は、強い力の相互作用を通して通常の粒子に変わることはできない（さもないと奇妙な粒子は早く崩壊してしまうからだ）。それはストレンジネスが（+1あるいは−1から0へと）変化することを必要とした。弱い力の相互作用ではストレンジネスは保存しなくてよいので、奇妙な粒子は弱い力に負けて崩壊するまでの十分長い時間生き延びるのだ。

それがなぜなのかは誰も知らなかった。

フェルミはベータ放射能に関する彼の画期的な論文で、弱い力と電磁気の間の類似性を指摘した。

彼は相互作用に含まれる力の相対的な強さを、電子の質量を基準にとって見積もった。一九四一年にジュリアン・シュウィンガーは、もし弱い力がもっとずっと重い粒子によって媒介されると仮定すると、どういう結論になるか思案した。もしその場の粒子が実際陽子質量の二百〜三百倍重かったとすると、弱い力と電磁気の相互作用の強さはなんと同じになると見積もられたのだ。これが弱い力と電磁力を単一の「電弱」力に統一できるかもしれないことを示す最初のヒントであった。

ヤンとミルズは、原子核内で中性子と陽子が相互作用するすべてのやり方を考慮に入れるには、力の粒子は三種類必要であることを見いだした。一九五七年にジュリアン・シュウィンガーは、弱い力の相互作用に関してもまったく同じ結論に到達した。彼は弱い力が三つの場の粒子によって媒介されると推測した論文記事を発表した。そのうち二つの粒子、W^+とW^-（現代の用語で）は、弱い相互作用で電荷の移動を説明するために必要である。三番目の中性の粒子は、電荷の移動のない場合の説明に必要となる。シュウィンガーは、この三番目の粒子が光子であると考えた。

シュウィンガーの考えに従えば、ベータ放射能が働く仕組みはこのようなものだ。中性子が崩壊すると、重いW^-粒子を放出して陽子に変わる。寿命の短いW^-粒子は、続いて高速の電子（ベータ粒子）と反ニュートリノに崩壊する（図8を参照）。

シュウィンガーは、ハーバードの彼の大学院生の一人にこの問題を研究するよう頼んだ。

（注5）　ほとんど同じアイデアが同時期に、日本人物理学者の西島和彦と中野董夫によって提唱された。彼らはストレンジネスのことを「イータ（η）荷」とよんだ。

図8 原子核ベータ崩壊の機構は，中性子（n）が陽子（p）に崩壊し，それに伴って仮想 W⁻ 粒子が放出されるとして説明できる．W⁻ 粒子は続いて電子（e⁻）と反ニュートリノ（$\bar{\nu}_e$）に崩壊する．

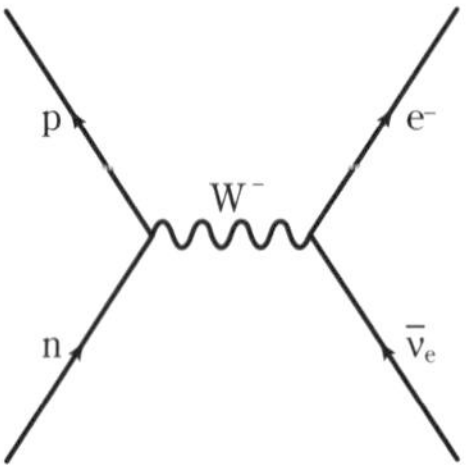

シェルドン・グラショーは、ユダヤ系ロシア人の移民の息子で、米国生まれだ。彼は一九五〇年にブロンクス科学高校を、級友のスティーブン・ワインバーグと一緒に卒業した。彼はワインバーグと共にコーネル大学へ進み、一九五四年に学士号を取得し、ハーバード大学のシュウィンガーの大学院生となった。

シュウィンガーが仮説を立てた重いW粒子は、電荷をもっていなければならなかった。グラショーは、この単純な事実が意味することにすぐに気が付いた。それは弱い力の理論を電磁気の理論から切り離すことは実際不可能であるということだ。彼は博士論文の補遺にこう記した。「これらの相互作用の完全に許容できる理論は、それらが一緒に取扱われた場合のみ達成できるだろうと提案したい。」（出典6）

グラショーは、弱い力の三つの場の粒子が二つの重いW粒子と光子であるというシュウィンガーの主張を忠実に受入れることで、ヤンとミルズが開発したSU(2)量子場理論と同じものにたどり着いた。しばらくの間彼は、弱い力と電磁力の統一理論の構築に成功したと思い込んでいた。おまけに、彼の理論はくりこみ可能であると考えた。

しかし実のところ彼はいくつかの間違いをおかしていたのだ。これらが明らかになったとき、彼はその理論が光子に対して要求することが多過ぎたことに気が付いた。彼がとった解決法は、ヤン－ミルズのSU(2)ゲージ場と電磁気のU(1)ゲージ場を結合することによって対称性を拡大することだった。この対称性はSU(2)×U(1)と積の形に書かれるものだ。これはむしろ弱い力と電磁力の「混合」を表しており、電弱力の完全な統一といったものではない。しかしこれには、光子を弱い力の相互作用の面での面倒な役割から解放するという利点があった。

その理論はさらに、弱い力の中性の媒介粒子を必要とした。グラショーはそのとき、ヤンとミルズによって最初に導入された三つのB粒子に相当する、三つの重い弱い力の粒子を手にしたのだ。これらがW^+、W^-、とZ^0であった（注6）。

一九六〇年三月にグラショーはパリで講演をした。そこで彼はゲルマンに出会った。ゲルマンは、カリフォルニア工科大学（カルテック）からサバティカル休暇をとり、コレージュ・ド・フランスの客員教授として来ていたのだ。グラショーは昼食をとりながら彼のSU(2)×U(1)理論について語った。ゲルマンは励ましの言葉を贈った。「君がやっていることはよいものだ。」ゲルマンは続けて彼に言った。「だが、それは人にはまったく理解されないだろうね。」（出典7）

それがくだらないものだったかどうかは別として、物理のコミュニティはグラショーの理論にほとんど関心を示さなかった。まさにヤンとミルズが見つけたように、SU(2)×U(1)場の理論は、弱い力

（注6）　もともとグラショーはこの中性粒子を、ヤンとミルズとの類比でBとよんだ。しかしこれは現在では広くZ^0とよばれている。

の媒介粒子が光子のように質量をもたないことを予言していた。方程式に質量を「手で」持込む（質量項を手で書き加える）と、理論はくりこみ可能でなくなってしまうのは確実だった。ヤンとミルズと同様、グラショーもどのように場の粒子が質量を獲得すると考えられるかわからなかったのである。

問題はもっとあった。素粒子の相互作用は、一個の粒子の崩壊、あるいは複数の粒子がぶつかることによって新しい粒子が生成される反応を含む。このような相互作用が荷電媒介粒子を含むとき、その反応は**荷電カレント**とよばれる。それは始状態の粒子から終状態の粒子へいくときに、電荷の「流れ」が含まれるからだ。中性の弱い力の媒介粒子（Z^0）は、実験的には**中性カレント**とよばれる電荷の変化を伴わない相互作用の形で現れると予想された。当時の素粒子物理学者にとって弱い力の相互作用に関するデータの主要な探索領域となっていた奇妙な粒子の崩壊では、そのようなカレントの証拠はまったく見つかっていなかったのである。

グラショーは腕を振るった。Z^0は単に荷電W粒子よりずっと重いので、Z^0を含む相互作用は当時の実験の範囲外にあると主張した。だが実験家たちの心は捉えなかった。

マレー・ゲルマンは、一九二九年ニューヨークに生まれた。神童であった彼は、学士号の研究を行うためイェール大学にたった一五歳で入学した。マサチューセッツ工科大学（ＭＩＴ）で博士号を取得したのが一九五一年、彼はまだ二一歳だった。プリンストン高等研究所で短期間働いた後、まずアーバナ・シャンペーンのイリノイ大学へ、それからニューヨークのコロンビア大学へ、そしてシカ

ゴ大学へと移った。彼はシカゴでフェルミと一緒に研究を行い、奇妙な粒子の性質の謎に取組んだ。一九五五年に彼はカルテックの教授職を得た。そこではファインマンと一緒に弱い核力の理論について研究した。彼はまた、そのころまでに発見されていた素粒子の「動物園」を分類する問題にも注意を向け始めた。その動物園の中で小さなパターンを識別することは可能であったが（たとえば、明らかに同じ種類に属する粒子群など）、個々のパターンは、それらが組合わさって首尾一貫した描像となるようなものではなかった。

素粒子物理学者たちはこのころまでに、その動物園に少なくとも何らかの順序を与える分類法を導入していた。まず二つの主要なクラスがあった。それらは、**ハドロン**（ギリシア語の厚いあるいは重いを意味するハドロスに由来する）と**レプトン**（ギリシャ語の小さいを意味するレプトスに由来する）である。

ハドロンのクラスは、バリオン（ギリシア語の重いを意味するバリュスに由来する）のサブクラスを含んでいる。これらは強い核力が働く重い粒子で、陽子（p）、中性子（n）、ラムダ（Λ^0）が含まれるが、一九五〇年代にもう二種類の粒子が発見され、シグマ（Σ^+、Σ^0、Σ^-）とグザイ（Ξ^0、Ξ^-）と名付けられた。またハドロンのクラスは、メソン（ギリシア語の「中間」を意味するメソスに由来する）サブクラスも含んでいる。これらの粒子には強い力が働くが、中間質量をもっており、パイ中間子（π^+、π^0、π^-）やK中間子（K^+、K^0、K^-）などが含まれる。

レプトンのクラスには、電子（e^-）、ミューオン（μ^-）やニュートリノ（ν）が含まれる。これらは軽い粒子で、強い核力が働かない。バリオンとレプトンはどちらもフェルミオンである。この名前はエンリコ・フェルミにちなんだものだ。フェルミオンの特徴は、半整数のスピンをもつことだ。上にあげたすべてのバリオンとレプトンはスピン$\frac{1}{2}$をもち、したがって$+\frac{1}{2}$（上向きスピン）および$-\frac{1}{2}$（下向きスピン）で与えられる二つのスピン状態をとることができる。フェルミオンはパウリの排他原理に従う。

ハドロンとレプトンのクラスの外には、電磁力を媒介する光子がいる。光子は**ボソン**である。この名前はインド人物理学者サティエンドラ・ナート・ボースにちなんだものだ。ボソンは、整数のスピン量子数をもつことが特徴で、パウリの排他原理は適用されない。仮説のW^+、W^-、Z^0粒子のような他の力の媒介粒子も整数スピンをもつボソンであると期待された。スピン０のボソンも可能であるが、それらは力の粒子ではない。メソンはスピン０のボソンの例である。一九六〇年ごろに知られていた粒子の分類が図９にまとめられている。

この混乱の中に、ドミトリ・メンデレーエフの元素周期律に相当する、素粒子のパターンがなければならないのは明らかだった。問題は、それがどんなパターンであって、その根底には理由があるのかどうかだった。

ゲルマンは最初、陽子・中性子・ラムダを基本三重項とし、これらの粒子を基礎的要素として用いて、他のすべてのハドロンを構成するとき、どのようなパターンをつくれるか試みた。しかしそれは大きな混乱を招いただけだった。なぜこれらの粒子が他の粒子と比べてより基本的とみなせるのか、まったく明らかではなかったのだ。彼は、正しいパターンが確立される前に、根底にある理由に到達しようとしていたことに気が付いた。これは、まず周期表にあるそれぞれの元素の位置を認識せず

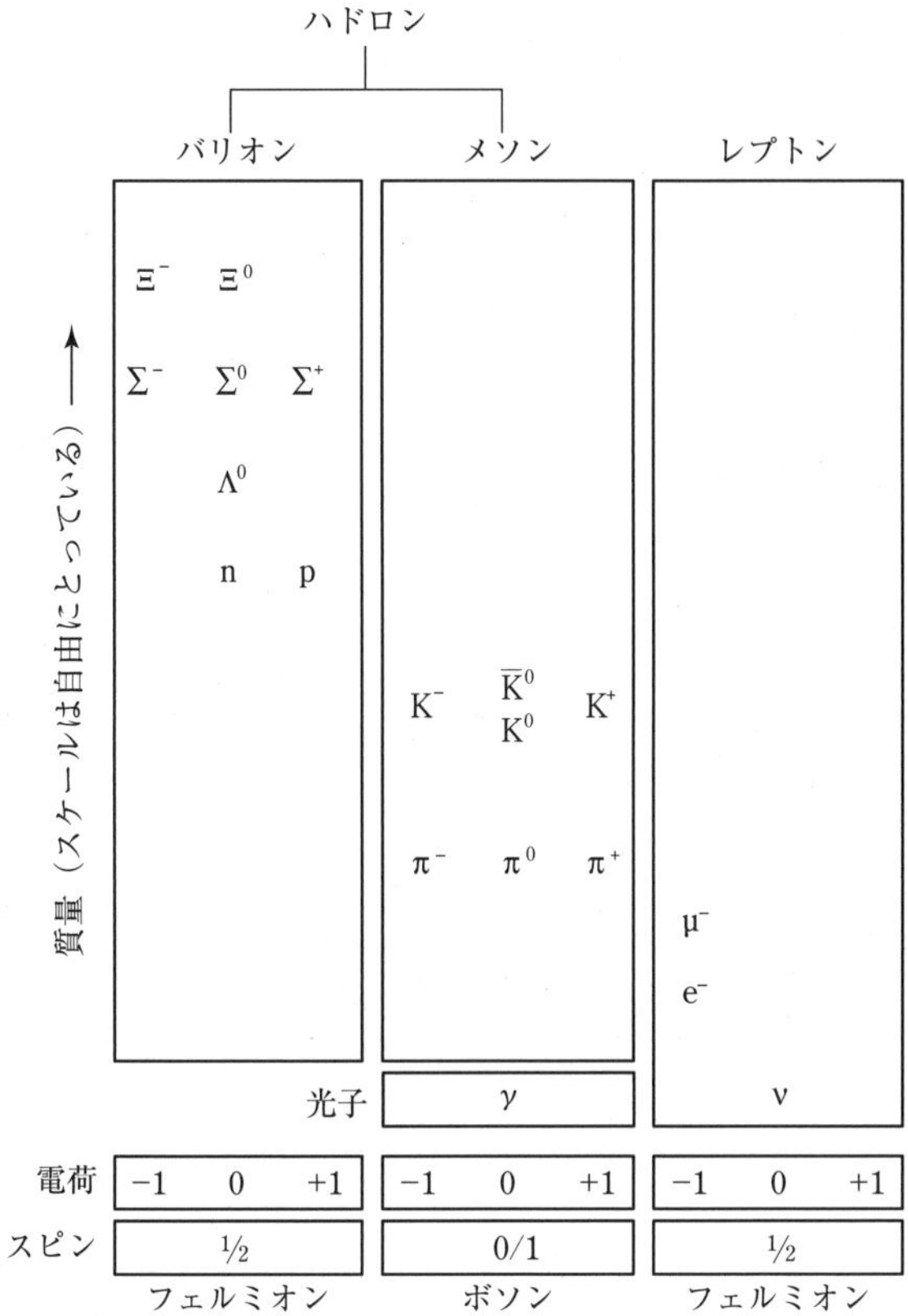

図 9　1960 年ごろ，素粒子物理学者たちに採用されていた分類法は，知られていた粒子を異なるクラスに系統立ててまとめるのに役立った．そのクラスはハドロン（バリオンとメソン）とレプトンであった．この分類表の外には，電磁力の粒子である光子があった．

に、化学元素の基本構成要素を理解しようとするのと似たようなものだ。

　ゲルマンは、このようなパターンに対する枠組みは大域的な対称操作群によって与えられると考えた。粒子の相互関係のパターンが明らかになるように、粒子を系統立ててまとめるやり方だ。ここで彼が探していたのは、粒子を分類し直すやり方だけであって、ヤン－ミルズ理論を発展させようとはしていなかった。もしそうしようとしたら、必要なのは局所対称性であった。

　彼は、知られていた粒子の範囲と種類に適応させるには、U(1)やSU(2)より大きな連続対称操作群が必要であることはわかっていたが、どう進んだらよいかまったく確信がもてなかった。このときまで彼はパリのコレージュ・ド・フランスで客員教授として働いていた。おそらく驚くにはあたらないだろうが、昼食でフランス人の同僚たちと美味しいフランスワインをたっぷり飲むことは、解答への道を示すのに直ちに役立つことはなかっただろう。

　そういう訳で、一九六〇年三月にグラショーがパリを訪問したことは、ほんの励ましの雑音以上のものを誘発した。ゲルマンはグラショーのSU(2)×U(1)理論に興味をそそられたのだ。彼はどのようにして対称操作群を高次元に拡張できるのか理解し始めた。こうして刺激された彼は理論を次々に高い次元で試していった。三次元を試し、四次元、五次元、六次元、そして七次元へと、S(2)×U(1)の積に対応しない構造を見つけようとした。「この時点で私は『もうたくさんだ』と言った。あれだけのワインを飲んだ後で八次元を試す力が残っていなかったのだ。」(出典8)

　ワインは会話の助けにもなっていなかったようだ。ゲルマンと昼食でワインを飲んだ同僚たちは数学者だった。彼らはゲルマンの問題をほとんどすぐに解くことができたであろう。しかしゲルマンは彼らと議論しなかったのだ。

グラショーは、カルテックに来ないかというゲルマンの申し出を受入れた。そしてパリから戻ってすぐ、この二人の物理学者たちは一緒に解答を探した。しかしそれが得られたのは、カルテックの数学者のリチャード・ブロックと偶然かわした議論の後のことだったのである。ゲルマンは、**リー群SU(3)**が彼の探し求めていた構造を与えるものであることを発見した。パリで彼は発見直前までいって、諦めてしまったのだ。

SU(3)の最も単純な、いわゆる「既約」表現は基本三重項だ。他の理論家たちは実際SU(3)対称操作群に基づいたモデルを構築しようとしていたが、陽子・中性子・ラムダ粒子を基本表現として用いていた。ゲルマンは、それは既に試しており、それをもう一度繰返すつもりはなかった。彼は単に基本表現を飛ばして、その次に注意を向けた。

SU(3)の表現の一つに八次元のものがある。粒子を一つの次元上で「回転」すると、別の次元上の粒子に変換される。これはちょうど、SU(2)対称操作群で中性子のアイソスピンを「回転」して陽子に変えるのと同じだ。もしゲルマンがなんとかしてそれぞれの次元に粒子を配置できたとすると、多分その背後にある関係性の性質を理解し始めたことだろう。バリオンは、陽子・中性子・ラムダ・三つのシグマ・二つのグザイと八個存在するのではないか？　それは確かに偶然の一致ではなかったのだ。

これらの粒子は、電荷、アイソスピン、それからストレンジネスの値によって区別することができる。ストレンジネスの値を電荷あるいはアイソスピンに対して図に描いてみよう。すると六角形のパターンが出てきて、各頂点に粒子が一つずつ、中心に粒子が二つ見えるだろう（図10を参照）。その

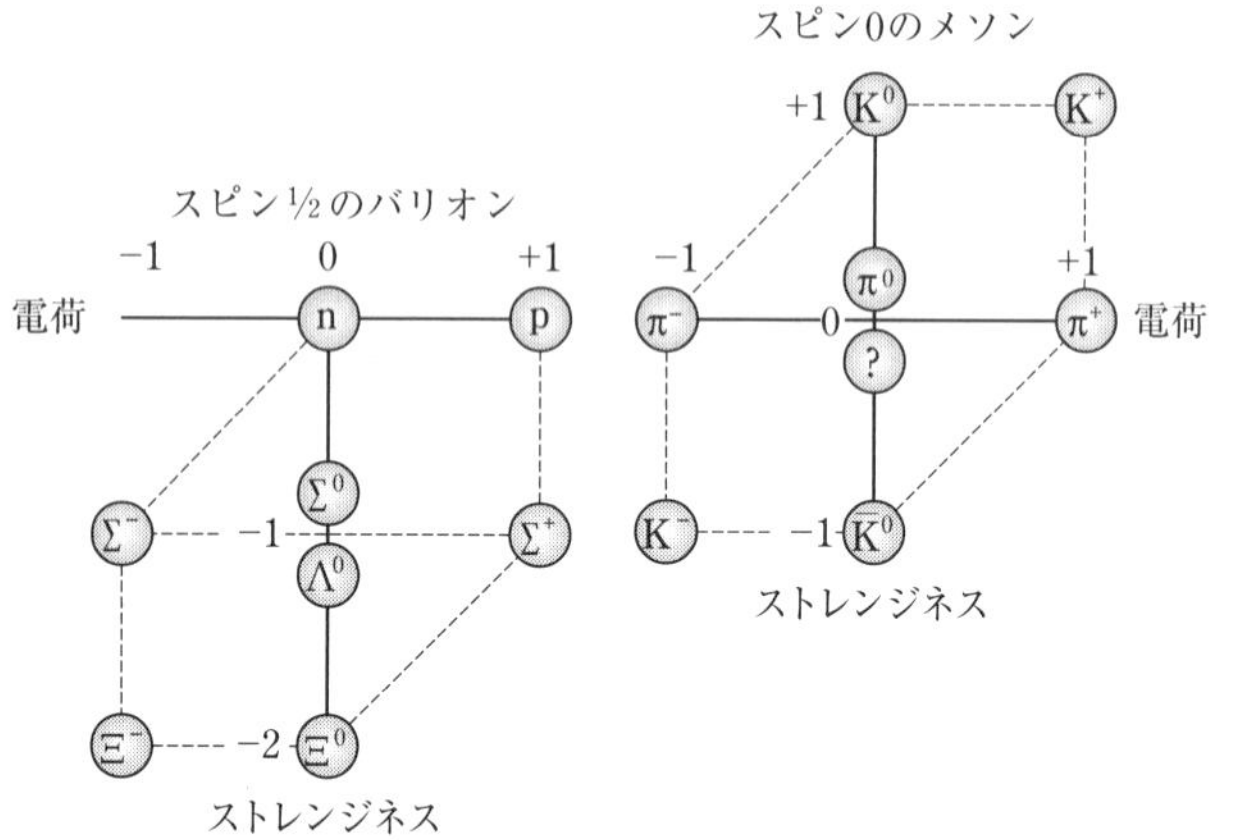

図 10　八道説．ゲルマンは，中性子(n)や陽子(p)などのバリオンおよびメソンを，大域的な対称操作群 SU(3)の二つの八重項表現に当てはめることを見いだした．しかしメソンの表現には粒子が七つしかなかった．Λ^0 に相当する粒子が欠けていたのだ．この粒子は数カ月後，バークレーのルイ・アルヴァレと彼のチームによって発見された．彼らはその粒子をイータ(η)とよんだ．

パターンは、陽子・中性子・ラムダ粒子がこの体系に含まれることを必要としていた。ゲルマンは、この三つの粒子を基本表現とすることに抵抗した彼の決断が正しかったと感じたに違いない。

ゲルマンが同様の解析をメソンに対して行ったとき、反K^0を含める必要があることを見いだしたが、それでもなお粒子が一つ不足していた。ラムダに相当するメソンが欠けていたのだ。大胆にも彼は、電荷が0でストレンジネスも0の八番目のメソンが存在するはずと推測した。

ゲルマンは、大域的なSU(3)対称操作群の八次元表現に基づいて、粒子の二つの「八重項」のパターンを発見した。彼はこれを冗談半分に、釈迦の教えにある涅槃に至る八つの段階になぞらえて、「八道説」とよんだ(注7)。彼は一九六〇年のクリスマス中に八道説に関する研究を完成させ、一九六一年の初めにカルテックの前刷り論文で発表した。メソン八重項を完結するために彼が予言した粒子は、数カ月後、カリフォルニア州バークレーのルイ・アルヴァレと彼のチームによって発見された。彼らはその新粒子をイータ（η）とよんだ。

ゲルマンは一人で研究を行っていたが、パターンを探し求めた理論家は彼だけではなかった。ユヴァル・ネーマンが理論物理の領域に足を踏み入れたのは遅かった。ゲルマンが弱冠一五歳でイェールに行ったとき、テルアビブ生まれのネーマンは、当時英国の委任統治下にあったパレスチナで、ユダヤ人地下武装組織ハガナに入った。彼は、一九四八年のアラブ–イスラエル戦争で歩兵連隊大隊を指揮し、イスラエル秘密情報機関の代理指導者を務めた。

彼は、イスラエル国防軍で大佐の位まで達した後、物理で博士号をとるための研究をする機会を求めようと決心した。防衛参謀長のモーシェ・ダヤンは、彼をロンドンのイスラエル大使館の大使館付武官に任命することを承諾した。ダヤンは、ネーマンが余暇に博士号のための研究をできるだろうと考えたのだ。

ネーマンは、もともとロンドンのキングス・カレッジで相対性を研究するつもりであったが、ケン

（注7）これらは、正しい見方、正しい意思、正しい言葉、正しい行為、正しい生活、正しい努力、正しい思念、正しい集中、の八正道である。

ジントンにある大使館から講義やセミナーに間に合うように着くには、市内の交通事情を考えると不可能であることを直ちに悟った。彼はインペリアル・カレッジで素粒子物理をやることに切り替えた。インペリアル・カレッジで彼はパキスタン生まれの理論家のアブドゥス・サラムの指導を受けた。

ネーマンは夕方と週末に研究した。彼は知られていた粒子を収められそうな対称操作群を探すことを始めた。浮かび上がった候補は五つあったが、その中にSU(3)が含まれていた。ネーマンは、最初ダビデの星のパターンを生じる対称操作群が出てきた偶然の一致におおいに興奮し、結局のところSU(3)に的をしぼった。彼は一九六一年七月に彼独自の八道説を発表した。

サラムは初め懐疑的であったが、ゲルマンの論文の草稿が彼のもとへ到着したとき、彼の懸念はたちどころに払拭された。ネーマンはわずかに有利なスタートは切ったものの、出版する段階でゲルマンに後れをとってしまった（だが実際に物理学術誌に載ったのはネーマンの論文が先であった）。しかし彼は失望しなかった。それどころか、彼がこのようなよい仲間の中にいることを知り、ぞくぞくしていたのだ。

一九六二年六月にネーマンとゲルマンはそろって、ジュネーブにあるヨーロッパ原子核研究機構（CERN）で開かれた素粒子物理の会議に出席した。どちらも新たに発見された新粒子の報告に一心に聞き入っていた。後にシグマ・スター粒子とよばれることになるストレンジネスの値が−1の三重項、それとストレンジネスの値が−2のグザイ・スター粒子の二重項だ。

ネーマンは直ちに、これらの粒子が十次元からなるSU(3)の別の表現に属していることに気が付いた。この表現に含まれる十個の粒子のうちの九個がいまや見つかったのだということを理解するのは、彼にとってほんの一瞬の間のことだった。そのパターンを完成させるために必要な粒子は、負の電荷をもち、ストレンジネスの値が−3のものであった。

彼は発言を求めて手を挙げた。しかしゲルマンもまったく同じ関係に気付いており、しかも会議場の前列により近いところに座っていたのだ。そのため、立ち上がって、その粒子の存在を予言したのは、ゲルマンだったのである。彼がオメガとよんだ粒子は、一九六四年一月に発見された。

いまやパターンは見つけられた。しかしその根底にある理由は何なのだろう?

第四章　正しい考えを間違った問題に適用すること

マレー・ゲルマンとジョージ・ツワイクがクォークを発明し、スティーブン・ワインバーグとアブドゥス・サラムがヒッグス機構を用いて（ついに！）W粒子とZ粒子に質量を与えたこと

日本生まれの米国人物理学者の南部陽一郎はひどく悩んでいた。南部は、東京帝国大学で物理を学び、一九四二年に卒業した。彼は日本の素粒子物理の創始者たちである仁科芳雄、朝永振一郎、湯川秀樹の評判に刺激されて、素粒子物理に引きつけられた。しかし東京には優れた素粒子物理学者がいなかったので、彼はそのかわりに固体物理の研究をした。一九四九年に南部は大阪市立大学に教授職を得て、東京から移っていった。三年後プリンストン高等研究所から招待を受けた。一九五四年にはシカゴ大学へ移り、四年後そこで教授になった。

一九五六年に彼はジョン・シュリーファーのセミナーに出席した。それはシュリーファーがジョン・バーディーンやレオン・クーパーと共につくり上げた超伝導の理論に関するものであった。これはある種の結晶性物質を臨界温度以下に冷やすと電気抵抗がまったくなくなる理由を、量子理論をエレガントに応用して説明するものだ。これらは**超伝導体**とよばれる。

同符号の電荷は互いに反発する。しかし超伝導体中の電子には、相互に弱い引力が働くのだ。何が

起こっているかというと、自由電子が結晶格子中の正電荷イオンの近くを通るとき、引力を及ぼしてイオンを元の位置から少しだけ引っぱり、格子をゆがめる。電子が通り過ぎても、ゆがめられた格子は前後に振動を続ける。この振動がわずかな正電荷の超過の効果となって、二番目の電子を引きつけるのだ。

この相互作用の結果、互いに正反対のスピンと運動量をもつ電子の対（**クーパー対**とよばれる）が協調して格子の中を動くことになる。格子の振動が媒介となり、電子対が動きやすくなるのだ。電子はフェルミオンであり、したがって二つの電子が同じ量子状態を占めることはパウリの排他原理で禁止されるのを覚えているだろう。ところがクーパー対はボソンのようにふるまい、そのような制限は受けない。一つの量子状態を占めることができる対の数に制約はなく、低温で「凝縮」することができる。これは一つの状態に多数集まり、巨視的な大きさになる現象である(注1)。この状態のクーパー対は格子を通過するとき抵抗を受けず、その結果超伝導となる。

南部が何を悩んでいたかというと、その理論が電磁場のゲージ不変性を満たしていないように思われることだった。言い換えれば、電荷の保存を満たしていないように見えるのだ。

南部はこの問題に苦しみながらも彼の経歴にあった固体物理の中から答えを引き出した。彼は超伝導のバーディーン–クーパー–シュリーファー（BCS）理論が「自発的対称性の破れ」を電磁気のゲージ場に適用した一つの例となっていることに気付いたのである。

対称性の破れの例は多くある。鉛筆がその先端を下にして立っているとき、それは完全に対称である。しかしその釣り合った状態は非常に不安定でもある。その鉛筆が倒れるときは、ある特定の（しかし明らかに任意の）方向に倒れる。その結果、対称性は破れたことになる。同様に、ソンブレロのてっぺんに釣り合った状態で乗っているビー玉は、完全に対称であるが、不安定な状態でもある。ビー玉はある特定の（しかし明らかに任意の）方向に転がり落ち、帽子の浅い縁に止まる。実際のところ、鉛筆が倒れたり、ビー玉が転がり落ちるのは、背景環境の微小なゆらぎのせいである。こうした微小なゆらぎは、背景「ノイズ」の一部をなしているのだ。

自発的対称性の破れは、系の**「真空」状態**とよばれる最低エネルギーに影響を及ぼす。すべての物質と同様に、超伝導体も真空状態をもつと考えられる。そこではすべての粒子は格子構造内の決まった位置を保持し、電子は静止した状態となる。しかしながら、格子振動によって媒介されるクーパー対の協調的な動きが可能であるとき、真空状態のエネルギーはさらに低くなる。この場合、電磁気のU(1)ゲージ対称性は、クーパー対を量子とするもう一つの量子場の存在によって破れるのだ。物質中の電子の力学を記述する法則は局所U(1)ゲージ対称性のもとで不変のままであるが、真空状態が対称でないのである。

南部は、クーパー対がより低いエネルギー状態にあるので、その対をばらばらにするにはエネルギーを入れてやらねばならないことに気付いた。このようにして得られた自由電子は、対を分離するのに必要なエネルギーの半分に等しいエネルギーを、余分にもつことになる。この余分なエネルギーが、余分な質量となって見えるのだ。彼はこの可能性に衝撃を受け、数年後その様子を次のように要

（注1）　レーザー光は、光子が関係するこの種の凝縮の一例である。

約した(出典1)。

「もし、宇宙全体が超伝導状態の物質のようなもので充満していて、われわれがその中に住んでいるとしたら、どうなるだろうか? われわれは真の真空を観測できないので、実際はこの媒質の(最低エネルギーの)基底状態が真空となるであろう。そのときには、真の真空中で…質量のなかった粒子でさえ、現実世界では質量を得るであろう。」

対称性を破れば粒子に質量を与えられる、と南部は推論したのだ。

一九六一年に南部とイタリア人物理学者のジョバンニ・ジョナラシニオは、このような機構を概説した論文を発表した。この機構を働かせるために彼らは、「偽の」真空をつくり出す**背景量子場**を導入しなければならなかった。上の例で、鉛筆が倒れるのは、鉛筆が背景「ノイズ」と相互作用して、対称性を破るからだ。同様に、量子場理論で対称性を破るには、その量子場と相互作用する背景場が必要となる。これが意味するところは、空っぽの空間が実は空っぽではないということだ。それは、くまなく充満する量子場の形をとったエネルギーで満たされているのだ。

彼らのモデルでは、偽の真空は、質量をもっていないと仮定した陽子と中性子を含む強い力の相互作用の理論において、対称性を破るために必要な背景を与えた。その結果、確かに陽子と中性子は質量をもつようになった。対称性を破ることが、粒子質量の「スイッチを入れた」のだ。

しかしそれは順調な航海ではなかった。英国生まれの物理学者のジェフリー・ゴールドストーンも対称性の破れを研究しており、その一つの帰結として、さらにもう一つ別の質量のない粒子が生じるという結論を出していたのだ。

実のところ、南部とジョナラシニオも彼らの理論で同じ問題に突き当たっていた。陽子と中性子に質量を与えるのに加えて、彼らのモデルも核子と反核子から構成される質量のない粒子を予言していた。彼らは論文で、それらは実際には小さな質量を獲得し、パイ中間子と同定できるであろうと主張した。

これらの新しい質量のない粒子は、「**南部－ゴールドストーンボソン**」とよばれるようになった。ゴールドストーンは、これらの粒子が出てくるのはあらゆる対称性に応用できる一般的な結果であろうと直観的に感じ、一九六一年にそれを原理の格にまで高めた。それが「ゴールドストーンの定理」として知られるようになったものだ。

もちろんこれらの南部－ゴールドストーンボソンは、量子場理論の質量のない粒子とまったく同じ難点を抱えていた。理論で予言されるどんな新しい質量のない粒子も、光子のようにいたるところに姿を現すことが期待されるのだ。しかしもちろんこうした余分な粒子はまったく観測されてはいない。

自発的対称性の破れは、ヤン－ミルズ場の理論における質量のない粒子の問題に解決を与えた。しかし対称性の破れは、見つかっていない別の質量のない粒子を伴ってしまうのだ。一つ問題が解決すると、別の問題が現れる。これをどうにか進展させるには、ゴールドストーンの定理を避けるか打ち破るか、何らかの方法を見つけなければならなかった。

ゲルマンとネーマンの両者は、大域的SU(3)対称操作群の基本表現をとび越えて、次の八次元表現

をバリオンに対して適用し、陽子と中性子を当てはめられることを見つけた。それが意味することはかなり明らかであった。陽子や中性子を含む**バリオン八重項**の八個の粒子は、さらにより基本的な、だが実験的にはまだ知られていない、**三個の粒子**から構成されているに違いないということだ。多分明らかだろうが、これは非常にやっかいな結果をもたらす推測であった。

一九六三年にコロンビア大学のロバート・サーバーは、八道説の二つの八重項を、三つの（不特定の）基本的な粒子の組合わせでつくってみることに着手した。このモデルでは、バリオン八重項の各粒子は三つの新粒子の組合わせからつくられ、メソン八重項は基本粒子とその反粒子の組合わせからできているのだった。その年の三月にゲルマンが一連の講義をしにコロンビア大学に到着したとき、サーバーはそのアイデアについて彼がどう考えるか尋ねた。

彼らは大学の教員食堂で昼食をとりながら会話を交わした。

「この三つの粒子で陽子と中性子がつくれると私は指摘したのだ。」と、サーバーは説明した。「その粒子と反粒子でメソンをつくることもできる。そして私は『これを考えてみたらどうだろうか？』と言ったのだ。」（出典2）

ゲルマンは否定的だった。彼はサーバーに、その新しい基本粒子の三重項の電荷はどのような値であるべきかと尋ねた。サーバーはそれについては考えていなかった。

「それは馬鹿げたアイデアだった。」ゲルマンは言った。「私はナプキンを取って、その裏に必要な計算をして見せたのだ。そうするためには、その粒子は分数の電荷をもたなければならないのだ。三つ足し上げて、電荷が+1や0の陽子や中性子になるには、$-1/3$や$+2/3$のような電荷でなければならないの

だ。」(出典3)

サーバーは、それがひどい結果であることを認めた。電子の発見からほんの一二年後、米国人物理学者のロバート・ミリカンとハーヴェイ・フレッチャーは、彼らの有名な「油滴」実験を行い、一個の電子がもつ**電気素量**を測った。電子の電荷の標準単位で報告された値は多くの桁をもつ複雑な数であったが(注2)、すべての荷電粒子がこの電気素量の整数倍の電荷をもっていることはすぐに認められた。電気素量の考えが確立されて以来の五四年間、これより小さい値の電荷をもつ粒子の存在を示唆するいかなる兆候も見られていなかったのである。

その後の会話で、ゲルマンはサーバーの新粒子を「**クオーク**(quork)」とよんだ。その提案の馬鹿らしさを強調するためにわざと選んだ無意味な言葉だった。サーバーはそれを「クワーク(quirk)」の派生語であると受取った。ゲルマンが、そのような粒子はまったく自然界の奇妙な偶然(quirk)だと言ったからだ。

しかしそのようなひどい結果にもかかわらず、論理は逃げようがないものだった。SU(3)対称操作群は基本表現を必要とし、知られている粒子が二つの八重項のパターンに当てはまるという事実は、基本粒子の三重項を強く示唆していた。分数電荷は問題だが、ひょっとしたら、とゲルマンは考えてみることにした。もし「クオーク」が大きなハドロンの中に捕らえられて永遠に閉込められていると

(注2)　電子の電荷の現在一般に受入れられている値は 1.602176487(40)×10^{-19}クーロンである。ここで括弧内の数値は最後の2桁の誤差を表している。

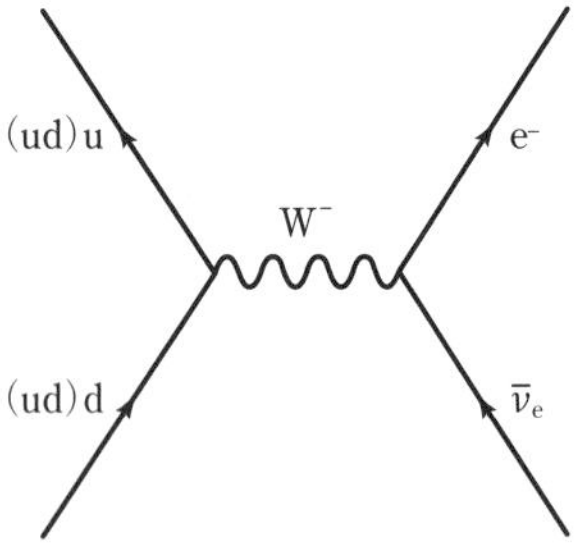

図 11　原子核のベータ崩壊は，中性子の中のダウンクォーク（d）がアップクォークに弱い力によって崩壊するものとして説明される．それで中性子が陽子に変わり，同時に W^- 粒子が放出されるのだ．

したら、分数電荷の粒子がこれまで実験で観測されなかった理由を説明できるのではないだろうか。

ゲルマンのアイデアが形になってきたとき、彼はジェイムズ・ジョイスのフィネガンズ・ウェイクの一節に偶然出くわした。それは彼がこれらの馬鹿げた新粒子に命名するもとになったのだ。

　マーク大将のために三唱せよ、くっくっクォーク（quark）
　なるほど彼はたいしょうな唱声ではなく
　持物ときたらどれも当てにならなく（訳注1）

「これだ！」彼は断言した、「三つの**クォーク**（quark）が中性子や陽子をつくる！」この言葉は、彼の元々の「クオーク（quork）」とはあまり韻が合っていなかったが、十分近いものでもあったのだ。「それで私はこの名前を選んだのだ。これらはみんな冗談で、もったいぶった科学言語に対する反発だね。」（出典4）

一九六四年二月にゲルマンはこのアイデアを説明する二ページの論文を発表した。彼は三つのクォークをu、d、sとよんだ。論文の中には書かれていないが、uは電荷が $+2/3$ の「アップ（up）」を、dとsはそれぞれ電荷が $-1/3$ の「ダウン（down）」と「ストレンジ（strange）」を表すものであった。バリオンはこれら三つのクォークのいろいろな並べ替えでつくられ、メソンはクォークと反クォークの組合わせでつくられるのだ。

このモデルでは、陽子は二つのアップクォークと一つのダウンクォークからなっていて（uud）、その電荷は+1となる。中性子は一つのアップクォークと二つのダウンクォークからなり（udd）、その電荷は0だ。モデルが練り上げられるにつれて、アイソスピンが複合粒子の中に含まれるアップクォークとダウンクォークの数に関係することがわかってきた。中性子や陽子のアイソスピンは、アップクォークの数からダウンクォークの数を引いたものの半分と計算して得られるのだ（注3）。中性子に対してこれは、1/2×（1－2）＝－1/2のアイソスピンを与える。中性子のアイソスピンを「回転」することは、ダウンクォークをアップクォークに変えることに等しく、そのアイソスピンは1/2×（2－1）＝＋1/2となり、陽子が得られる。アイソスピンの保存は、今やクォーク数の保存となったのだ。そして**ベータ放射能**は、中性子の中のダウンクォークがアップクォークへ転換されることを伴うもので、それで中性子が陽子に変わり、それと同時にW^-粒子が放出されるというものなのである（図11を参照）。

（訳注1）　ジェイムズ・ジョイス著、柳瀬尚紀訳『フィネガンズ・ウェイクII』、河出文庫より。
（注3）　この関係式は、実際にはこれよりもう少し入り組んだものとなり、アイソスピンは、［｛（アップクォークの数）－（反アップクォークの数）｝－｛（ダウンクォークの数）－（反ダウンクォークの数）｝］/2で与えられる。

「奇妙な」粒子は、存在するストレンジクォークの数に単にマイナス記号を付けただけのストレンジネス値をもつ（注4）。電荷またはアイソスピン対ストレンジネスの図は、単に粒子内のクォーク成分を図示したものであって、クォークの異なる組合わせが図の中の異なる位置に現れることは、もう明白であった（図12を参照）。

またもや、ゲルマンは一人だけで研究をし、しかも根底にある理由の手がかりを得た唯一の理論家ではなかった。二～三年前に英国からイスラエルに戻っていたネーマンとイスラエル人数学者のハイム・ゴールドベルクは、基本三重項に関する非常に推論的な提案について研究してい

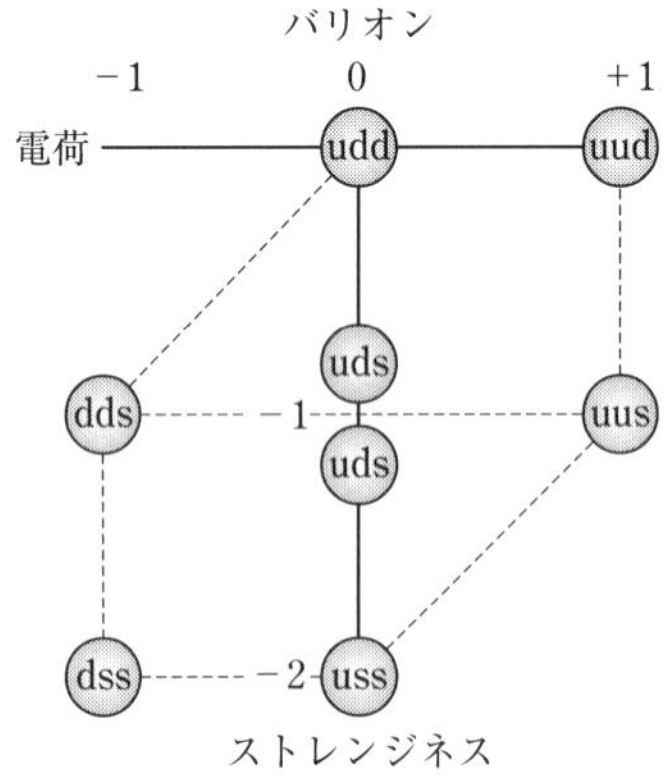

図 12　八道説は，ここにバリオン八重項に対して示されているように，アップ・ダウン・ストレンジのクォークの可能なさまざまな組合わせによってきちんと説明することができる．Λ^0 と Σ^0 はどちらもアップ・ダウン・ストレンジクォークからできているが，アイソスピンが異なっている．Λ^0 はアイソスピン 0 をもっており，Σ^0 はアイソスピン 1 をもっている．この違いは，アップとダウンのクォークの波動関数の異なる可能な組合わせの違いに帰着する．Λ^0 は反対称な組合わせ（ud − du）をもっており，Σ^0 は対称な組合わせ（ud + du）をもっている．

た。しかし彼らは、それらが分数電荷をもつ「実際の」粒子であると表明することはひかえてしまった。

ゲルマンの推論が論文に載った同時期に、以前カルテックの学生だったジョージ・ツワイクは、彼がバリオンとメソンは「エース」とよんだ基本三重項の粒子に基づいたまったく同等な体系を構築していた。彼は、バリオンはエースの「トレイ（三重項）」からつくられ、メソンはエースと反エースの「デュース（二重項）」からつくられると考えた。ツワイクはCERNの博士研究員として働いており、彼のアイデアを一九六四年一月にCERNプレプリ（前刷り論文）で発表した。その後ゲルマンの論文を見て、彼は急いでモデルを練り上げ、八〇ページにわたる第二のCERNプレプリを書いて、それを権威ある論文誌であるフィジカルレビュー（*Physical Review*）に投稿した。

彼は専門分野の査読者たちの厳しい批判を浴び、その論文がついに発表されることはなかった。ゲルマンは、いくつもの顕著な発見をしてきたすでに定評ある物理学者であり、クォークに関するちょっとした判断ミスは大目に見られたのだ。ツワイクは若い博士研究員だったので、そのような幸運な立場ではなかった。その後まもなく彼が一流大学に職を求めたとき、その学部古参の重鎮であった理論家教授に、エースモデルは山師の仕事だと決めつけられた。ツワイクは就職を断られ、一九六四年末近くになって再びカルテックの学部に戻った。後にゲルマンは、ツワイクがクォークの

（注4）　またもやこの関係式は、もう少し入り組んだものとなり、ストレンジネスは次式で与えられる。
　　－{(ストレンジクォークの数)－(反ストレンジクォークの数)}

発見で果たした役割を保証する労をとった。

クォークモデルは美しくて単純な体系ではあったが、実のところ、パターンをいじりまわした結果以上のものではないともいえた。クォークに対する実験的根拠もまったくなかった。ゲルマンは、その新粒子の状態については曖昧にして、強く主張はしなかった。原理的に見ることのできない粒子の実在について哲学的な論争に巻き込まれることを避けようと、彼はクォークのことを「数学的な」ものと称した。ある人たちはこれを、クォークは実際に存在して、それが組合わさって現実の世界をつくり出しているものだとゲルマンが考えていないことを意味していると解釈した。

ツワイクは、より大胆（もしくは、見方にもよるが、より向う見ず）であった。彼は第二のCERNプレプリで、こう明言した。「このモデルはわれわれが思うよりもっとよく自然を表す近似であって、分数電荷のエースがわれわれの中にたくさんあるという一縷の望みもあるのだ。」（出典5）

固体物理学者のフィリップ・アンダーソンは、ゴールドストーンの定理を信じなかった。固体物理においてゲージ対称性が自発的に破れるとき、常に南部‐ゴールドストーンボソンが現れるわけではないことは、多くの実例からまったく明白であった。対称性は常に破れているが、その結果として固体物理学者たちが光子のような質量をもたない粒子の氾濫に悩まされてはいないのだ。たとえば、超伝導体の内部でつくられるはずの質量をもたない粒子は存在していない。何かが正しくないのだ。

一九六三年、アンダーソンは量子場理論が苦闘しているこの問題は何らかの方法で解けるだろうと示唆した(出典6)。

それなら、超伝導との類似を考えれば、道は開けるのではないだろうか。ゼロ質量のヤン－ミルズゲージボソンとゼロ質量の(南部－)ゴールドストーンボソンを含むこの問題は、これら二つのタイプのボソンが「互いに打消し合う」ことで、有限の質量のボソンだけが残るように解決できると思われる。

これは本当にそんな単純なものなのだろうか？　二つ間違えることで正しくなるようなことなのだろうか？　アンダーソンの論文は小さな論争をひき起こした。議論と反論が、ある論文誌上で激しくやり取りされるのを、何人かの物理学者が注意深く見守っていた。

これらに続いて、質量をもたないいろいろなボソンが実際「互いに打消し合って」、有限の質量のボソンだけが残る自発的対称性の破れの機構を詳しく記述する一連の論文が発表された。これらは、ベルギー人物理学者のロバート・ブラウトとフランソワ・アングレールによるもの、英国人物理学者でエディンバラ大学のピーター・ヒッグスによるもの、そしてインペリアル・カレッジ・ロンドンのジェラルド・グラルニック、カール・ハーゲン、トム・キッブルによるものの三つの独立な論文だ(注5)。この機構は一般にヒッグス機構（あるいは、発見の平等性をより重要視する方面では、ブラ

(注5)　これら三つの論文はすべて同じ論文の同じ巻に載った。一九六四年出版の *Physical Review Letters* 誌の第一三巻の、それぞれ三二一～三ページ、五〇八、九ページ、五八五～七ページであった。

ウト−アングレール−ヒッグス−ハーゲン−グラルニック−キップブル−BEHHGK機構、もしくは“beck”機構)とよばれている(訳注2)。

この機構は次のように働く。質量のないスピン1の粒子(ボソン)は光速で動き、**二つの「自由度」**をもっている。それは、その波の振幅が進行方向に対して垂直な(つまり横方向の)二つの次元内で振動するということだ。その粒子がたとえばz方向に動いている場合は、その波動振幅はx方向とy方向(左右と上下)に振動できる。光子に対してこの二つの自由度は、左円偏光と右円偏光に関係づけられる。これらの状態を組合わせて、よく知られている直線

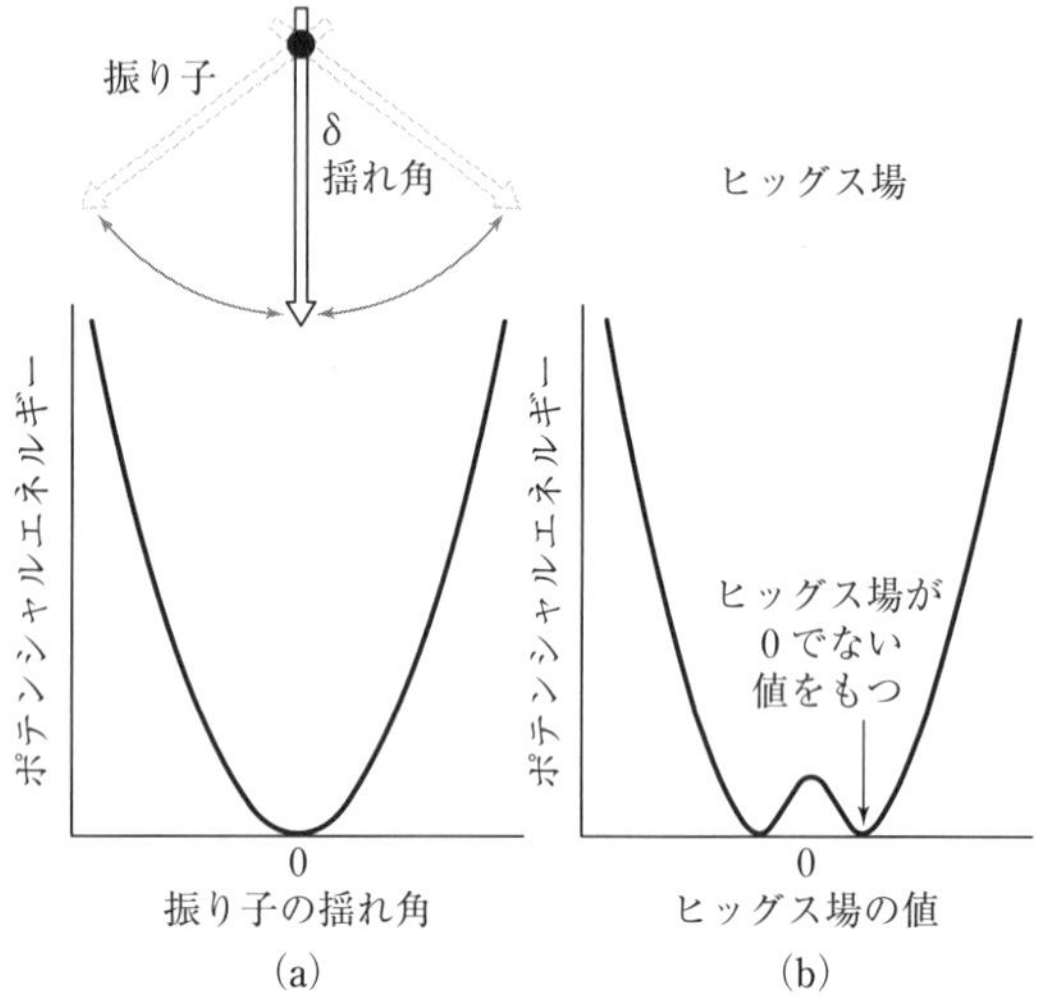

図13 (a) 摩擦のない単純な振り子の場合，ポテンシャルエネルギー曲線は放物線の形となり，ポテンシャルエネルギーがゼロの位置は振り子の振れがゼロのところである．しかし，ヒッグス場のポテンシャルエネルギー曲線 (b) は異なる形をしている．ここではポテンシャルエネルギーがゼロの位置は，場自体が有限の値をもつところにある．このことを物理学者たちは，ゼロでない真空期待値と称する．

偏光の状態をつくることもできる。これにも二つの向きがあり、水平（x軸）方向と垂直（y軸）方向だ。光は三次元目の方向には偏光しないのである。

この状態を変えるには、対称性を破るための背景量子場を導入する必要がある。この場がよく**ヒッグス場**とよばれるもので(注6)、ポテンシャルエネルギー曲線の形で特徴づけられている。

ポテンシャルエネルギー曲線の考えは比較的単純明快だ。ぶらぶら揺れている振り子を想像してみよう。振り子は、揺れて高く上がるにつれて遅くなり、止まり、そして逆向きに揺れ出そうとする。この時点で、すべての動きのエネルギー（運動エネルギー）は振り子がもつポテンシャルエネルギーに転換されている。振り子が逆方向に揺れると、ポテンシャルエネルギーは動きの運動エネルギーに移っていき、速度が増してゆく。振り子が振動の一番低い位置に来たとき、まっすぐ下向きとなり、運動エネルギーは最大に、ポテンシャルエネルギーはゼロとなる。

ポテンシャルエネルギーの値を鉛直方向から測った振り子の揺れ角に対してプロットしてみると、図13(a)のような放物線を得る。ポテンシャルエネルギー曲線が最小となるのは、明らかに振り子の揺

（訳注2）　最近では、この機構は「BEH機構」とよばれるようになってきた。ヒッグス自身も、まったく独立に行った研究ではあったが、ブラウトとアングレールの論文が先であったことを認めている。ただしそこから出てくるスカラー粒子に言及したのは、この三つの論文の中では、ヒッグスだけであったので、「ヒッグス粒子」とよばれている。本書では、原著のまま「ヒッグス機構」とした。

（注6）　この本でこれまでに出てきた他の量子場と異なり、ヒッグスは「スカラー」場である。それは時空のあらゆる点で大きさをもつが、方向はもたない。どんな方向にも押したり引いたりはしないのだ。

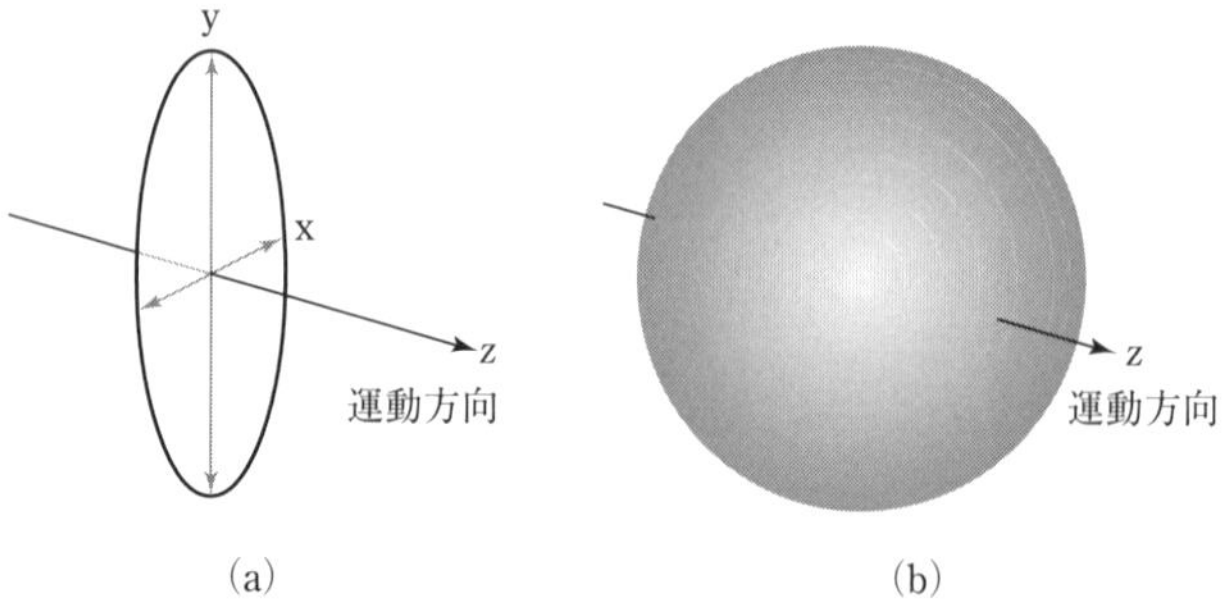

図 14 (a) 質量のないボソンは光速で動き，横方向の“自由度”(左右の x 方向と上下の y 方向の) 二つだけをもつ．(b) その粒子がヒッグス場と相互作用して，質量のない南部-ゴールドストーンボソンを吸収すると，3 番目の自由度（前後の z 方向）を得る．(c) その結果，その粒子は“深さ”を獲得し，速度が下がる．この加速に対する抵抗が，粒子の質量なのである．

れがゼロの点だ。

ヒッグス場のポテンシャルエネルギー曲線は微妙に異なっている。ここでは揺れの角度のかわりに、場そのものの値をプロットする。曲線の底付近には小さなコブがあり、それはソンブレロのてっぺん、もしくはワインボトルの底の出っ張りのような形をしている。このコブの存在が、対称性を破る役割をしているのだ。場が冷えて、ポテンシャルエネルギーを失うとき、鉛筆が倒れるときのように、曲線の谷の勝手な方向に向かって落ちていく（この曲線は実際には三次元なのだ）。しかしこのとき、曲線の最下点は場の値がゼロでないところにある。物理学者たちはこのことを、**ゼロでない真空期待値**と称する。これは「偽の」真空を表し、真空が完全に空っぽの状態ではないことを意味する。それはゼロでない値のヒッグス場を含んでいるのだ。

対称性を破ることは、質量のない南部–ゴールドストーンボソンを生み出す。次にこれが質量のないスピン1の場のボソンに吸収されて、第三の自由度（前後方向）となることもある。すると場の粒子の波動振幅は、その進行方向を含む三次元すべての方向に振動できるようになる。粒子は「深さ」をもつのだ（図14を参照）。

ヒッグス機構において、三次元を獲得する働きは、ブレーキをかけるようなものだ。粒子は、ヒッグス場との相互作用の強さによって決まる程度まで減速される。

光子はヒッグス場と相互作用しないので、邪魔されずに光速で動き続ける。そして質量はもたないままだ。ヒッグス場と相互作用する粒子は、深さを獲得し、エネルギーを獲得し、そして糖蜜のようにヒッグス場に引っ張られて、速度が下がる。粒子のヒッグス場との相互作用は、粒子の加速に対する抵抗の現れなのである（注7）。

これは聞き慣れた説明だと、かすかに思い出さないだろうか？

物体の慣性質量とは、加速に対する抵抗の尺度である。われわれの直観は、慣性質量を物体がもつ物質量と同一視する。より多くの物質を含むものは、加速するのがより難しい。ヒッグス機構は、この論理を逆転する。ヒッグス場によって粒子の加速が妨げられる大きさを、粒子の（慣性）質量と解釈する。

（注7）　ここで注意しなければならないのは、邪魔されるのは加速運動に対してということだ。一定速度で動いている粒子は、ヒッグス場に影響されることはない。したがって、ヒッグス場がアインシュタインの相対性理論と矛盾することはない。

するのだ。

論理の転換によって、質量という概念は消え去り、それは元々質量のなかった粒子とヒッグス場との相互作用に取って代わられたのである。

ヒッグス機構は、すぐには賛同者を勝ちえなかった。ヒッグス自身は、彼の論文の発表で少々問題を抱えていた。一九六四年七月に彼は最初ヨーロッパの論文誌 *Physics Letters* に論文を投稿したが、編集者に不適切であるとして却下されたのだ。何年か後にヒッグスはこう記した（出典7）。

「私は憤慨した。私が示したことは素粒子物理に重要な結果をもたらすものであろうと信じていたのだ。一九六四年八月にCERNに滞在していた私の同僚のスクワイアーズが、後になって私に話してくれたことだが、そこの理論家たちは私がやったことの意味を理解していなかったそうだ。振り返ってみれば、これは驚くにはあたらない。一九六四年ごろ、量子場理論は流行遅れだったのだ。」

ヒッグスは彼の論文にいくらかの修正を加え、論文誌 *Physical Review Letters* に再投稿した。その論文は専門分野研究者による査読のため南部に送られた。南部は、その論文と一九六四年八月三一日に同じ論文誌に載ったブラウトとアングレールの記事との関係についてコメントするよう、ヒッグスに要請した。ヒッグスは、同じ問題に関するブラウトとアングレールの仕事のことは知っておらず、脚注を付け加えて、彼らの論文が存在したことを認めた。また彼は本文の最後に一つ段落を付け加え、「スカラーおよびベクトルボソンの不完全な多重項」の可能性について注意を促した（出典8）。それはやや曖昧な表現ではあったが、ヒッグス場の量子となる、質量をもつ、ゼロスピンのボソンの可能性について言及したものであった。

これがヒッグスボソン（あるいはヒッグス粒子）として知られるものとなったのである。
おそらく驚くべきことに、ヒッグス機構はそれから多くの恩恵を受けることになった人たちにも、直ちには影響を与えなかったのだ。

ヒッグスは、一九二九年に英国のニューカッスル・アポン・タインで生まれた。一九五〇年にキングス・カレッジ・ロンドンの物理を卒業し、その四年後に博士号を取得した。それからしばらくの間、エディンバラ大学、ロンドン大学とインペリアル・カレッジ・ロンドンで過ごした後、一九六〇年に数理物理学の講師の職を得てエディンバラ大学に戻ってきた。彼は一九六三年にジョディ・ウィリアムソンと結婚した。彼女は核廃絶運動の活動家であった。

一九六五年八月、ヒッグスはノースカロライナ大学で研究休暇の期間を過ごすため、ジョディを伴いチャペルヒルへ行った。数カ月後に彼らの最初の息子クリストファーが生まれた。その後まもなくヒッグスは、高等研究所でヒッグス機構についてのセミナーをするよう、フリーマン・ダイソンから招待を受けた。ヒッグスは、彼の理論が受けるであろう研究所の「ショットガン」セミナーとしてよく知られる応対には慎重になったが、一九六六年三月に行われたセミナーでは彼は無傷で切り抜けられた。パウリは一九五八年一二月に没していたのだ。しかし、ヒッグスの議論が一二年と少し前のヤンの不幸な申し開きに対するパウリの態度を変えたかどうかについて、思いをめぐらせるのは興味深いことである。

ヒッグスはこの機会をとらえて、ハーバード大学でのセミナーの要請に応えるべく、翌日そこへ向かった。聴衆は同様に懐疑的であった。あるハーバードの理論家が後にこう認めた。「彼らは、ゴールドストーン定理を乗り越えられたと考えているこの間抜けな奴を引き裂いてやりたいと思っていた。」(出典9)

グラショーはその聴衆の中にいた。しかし彼はそのころまでには、以前**電弱統一理論**をつくろうとしたこと、そしてその理論は質量のないW^+、W^-、Z^0粒子を予言し、それらがどうにかして質量をもつ必要があることをすっかり忘れてしまっていたようだ。「彼の健忘症は不幸にして一九六六年中ずっと続いていた」とヒッグスは記した(出典10)。グラショーに不公平とならないよう付け加えておくと、ヒッグスは彼の機構を強い力に適用することに注意を惹かれていたのだ。

しかしグラショーはこれらを考え合わせることはできなかった。結局それを関係づけたのは、グラショーの高校時代の同級生スティーブン・ワインバーグ(と、それを独立にやったアブドゥス・サラム)であった。

ワインバーグは、一九五四年にコーネル大学で学士号を取得した後、大学院の研究をコペンハーゲンのニールス・ボーア研究所で始め、一九五七年にプリンストン大学に戻ってその研究を完成させ、博士号を取得した。その後ポスドク研究をニューヨークのコロンビア大学とカリフォルニアのローレンス放射線研究所で行い、バークレーのカリフォルニア大学の教授となった。彼は一九六六年に休暇をとってハーバードの客員講師となり、翌年ＭＩＴの客員教授となった。

ワインバーグは、それまでの二、三年の間、ＳＵ(2)×ＳＵ(2)場の理論で記述される強い力の相互作用における自発的対称性の破れの効果について研究を行っていた。その数年前に南部とジョナラシニオが発見したのは、対称性の破れによって陽子と中性子が質量を得ることであった。ワインバーグは、このようにしてつくられた南部－ゴールドストーンボソンがパイ中間子とみなせるのではと考えた。この説明が意味のあるもののように思えたとき、それはゴールドストーン定理を逃れようとする試みからはかけ離れたものではあったが、彼はその定理が予言する余分な粒子を積極的に受入れる気持ちになった。

しかしそのときワインバーグは、この考え方が実り多い結果をもたらすものではないことも認識したのだ。彼の中に別のアイデアが浮かんだのはまさにこの瞬間であった（出典11）。

一九六七年秋のあるとき、私はＭＩＴの私の研究室へ向かって車を運転しながら考えていた。そのとき私の頭に浮かんだのが、私は正しい考えを間違った問題に適用していたということだ。

ワインバーグはヒッグス機構を強い力に適用しようとしていたのだ。彼はそのとき、彼が強い力の相互作用に適用しようとしていた数学的構造が、**弱い力の相互作用**の問題を解決し、その相互作用に含まれる質量のある粒子について説明するために必要なまさにそのものであることに気付いたのだった。「ああ、」彼は心の中で叫んだ。「これが弱い相互作用に対する答えなのだ！」（出典12）

ワインバーグは、グラショーのＳＵ(2)×Ｕ(1)電弱場の理論のように、W^+、W^-、Z^0粒子の質量を手で加えると、結果はくりこみ可能にならないことはよくわかっていた。彼は、ヒッグス機構を用いて対称性を破ることで、あってほしくない南部－ゴールドストーンボソンを除き、原則的にくりこみ可能な理論が得られるのでは、と考えたのだ。

中性カレントの問題は残っていた。中性のZ^0粒子を含む相互作用は、まだ実験的には見つかっていなかったのだ。彼はこの問題をまとめて避けるため、彼の理論をレプトン（電子、ミューオン、ニュートリノ）に限定することにした。彼は当時強い力を受ける粒子、ハドロンに対して、そして特に弱い力の相互作用の実験的探究の主要分野となっていたストレンジ粒子に対して、慎重になっていたのだ。

中性カレントも予言はされたが、レプトンのみで構成されるモデルでは、このカレントはニュートリノを含むことになる。まず第一にニュートリノを実験的に捕らえるのは非常に困難であること、そしてニュートリノを含む弱い力の中性カレントを見つけるのは途方もない実験的難題であるので、ワインバーグは実験との矛盾を恐れることなく予言できたのであろう。

一九六七年一一月にワインバーグは、レプトンの電弱統一理論を詳述した論文を発表した。これは、SU(2)×U(1)対称性が自発的対称性の破れによって通常の電磁気のU(1)対称性へと下がり、これに伴い光子は質量をもたないまま、W^+、W^-、Z^0粒子に質量を与える場の理論であった。弱い力のボソンの質量の大きさは、W粒子が陽子の約八五倍、Z粒子は陽子の約九六倍と見積もられた。彼はこの理論がくりこみ可能であることを証明できなかったが、そうであることに自信を感じていた。

一九六四年にヒッグスは、ヒッグスボソンの存在の可能性について言及したが、それは特定の力や理論に関してではなかった。ワインバーグは彼の電弱理論において、四つの成分をもつヒッグス場を導入する必要があることを見いだした。その三つの成分がW^+、W^-、Z^0粒子の質量となり、第四成分は物理的な粒子ヒッグスボソンとして現れるというものだ。以前は数学的可能性だったものが、いまや予言となったのだ。ワインバーグはヒッグスボソンと電子との結合の強さについても見積もった。ヒッグスボソンは、実在の粒子となるために決定的に重要な一歩を踏み出したのである。

英国ではアブドゥス・サラムが、トム・キッブルからヒッグス機構について伝え聞いていた。彼は以前SU(2)×U(1)電弱場の理論について研究しており、自発的対称性の破れがもたらす可能性を直ちに見抜いた。その理論をレプトンに適用したワインバーグの前刷り論文を目にしたとき、サラムは自分とワインバーグが独立にまったく同じモデルに到達したことを悟った。彼は、ハドロンをうまく取入れられるようになるまでは、自分の仕事を公表しないと決心した。しかしやってはみたものの、弱い中性カレントの問題を乗り越えることはできなかったのである。

ワインバーグとサラムはどちらも、理論がくりこみ可能であると信じたが、それを証明することはできなかった。彼らは、ヒッグス粒子の質量を予言することもできなかった。

彼らの理論は、誰もあまり気にかけなかった。注意を払った少数の人たちも概して批判的であった。質量の問題を解決したと言っても、仮想的な場を持込んで、もう一つの仮想的なボソンが出てくる、まやかしの操作のようなものというわけだ。量子場の理論家たちはあたかも、よくわかっていない曖昧な法則に従って、場や粒子と戯れ続けていたかのようだった。

素粒子物理学者たちは単に無視し、それぞれの研究を進めていった。

第五章　それは私にはできます

ヘーラルト・トホーフトがヤン－ミルズ場の理論はくりこみ可能であることを証明し、マレー・ゲルマンとハラルド・フリッチがクォークカラーに基づいた強い力の理論を構築したこと

不合理な分数電荷は別として、クォークモデルにはもう一つ大きな問題があった。**クォーク**は、陽子や中性子のような「物質粒子」の構成要素となるため、半整数スピンをもつ**フェルミオン**である必要があった。これは、パウリの排他原理に従えば、クォークはハドロンの中で、その可能な各量子状態にたかだか一つずつしか入れないことを意味した。

しかしクォークモデルでは、陽子が二つのアップクォークと一つのダウンクォークからなるべきであるとしている。これは、一つの原子軌道に二つの上向きスピンの電子と一つの下向きスピンの電子を入れようとすることと似たようなものだ。それはまったく不可能なことである。電子の波動関数の対称性の性質がそれを禁止している。上向きスピン一個と下向きスピン一個の電子二つだけしか入れないのだ。三番目の電子が入る場所はない。同様に、もしクォークがフェルミオンならば、陽子の中に二つのアップクォークが入る場所はないのである。

この問題は、ゲルマンの最初のクォーク論文が出た直後に認識された。物理学者のオスカー・グ

リーンバーグは一九六四年に、クォークは実際にはパラフェルミオンであろうと提案した。それは、クォークが**アップ**、**ダウン**、**ストレンジ**の量子数とは別の「自由度」で区別されるというのと同じことであった。その結果、たとえばアップクォークには異なる種類のものがあるということになる。それらが別の種類のものである限り、二つのアップクォークは陽子の中で同じ量子状態を占めることなく、互いに仲良く隣り合っていられるのだ。

しかしこのモデルには問題もあった。グリーンバーグの解決策は、バリオンがボソンのようにふるまうことになることを許し、レーザー光のビームのように単一の巨視的な量子状態に凝縮されることになってしまうのだ。これはまったく受入れられるものではなかった。

南部陽一郎も同様の考えに基づいて提案をした。アップ、ダウン、ストレンジクォークに対し、最初は異なる二つの種類があるとし、その後三つの種類があるとした。ニューヨーク州シラキュース大学の若い大学院生であった韓国生まれのムヨン・ハンは、そのアイデアを練り上げ、一九六五年に南部に書き送った。二人は共同で論文を仕上げ、その年の後半に発表した。

しかし、これはゲルマンのクォーク理論の単なる拡張ではなかった。ハンと南部は、電荷とは異なる新しいタイプの「クォークチャージ」を導入したのだ。陽子の中の二つのアップクォークはいまや異なるクォークチャージで区別され、それによってパウリの排他原理との矛盾が避けられるのである。彼らは、大きさをもった核子の中でクォーク同士を結び付けておく力が局所SU(3)対称性に基づいていると推論した。ただしこれは八道説の背後にある大域的SU(3)対称性とは別物であるので混同してはならない。彼らは同時にこの機会をとらえて、クォーク理論から分数電荷を取除こうとした。

代わりに導入したのは、重複するSU(3)三重項、すなわちクォークチャージと並んで、+1、0、−1の電荷であった。

彼らの理論は、誰もあまり気にかけなかった。ハンと南部は最終的な解決へ向けて大きな一歩を進めたのだが、世の中はまだ準備ができていなかった。

一九七〇年、ついにグラショーは彼の**SU(2)×U(1)電弱場**の理論の問題に戻ってきた。今度はハーバードの二人の博士研究員、ギリシア人物理学者のジョン・イリオポロスとイタリア人ルチアーノ・マイアーニと一緒だ。グラショーはCERNで初めてイリオポロスに会ったとき、弱い力の場の理論を**くりこみ**可能にする方法を見つけようとする彼の努力に感銘を受けた。マイアーニは弱い力の相互作用の強さに関するある奇妙なアイデアを携えてハーバードにやってきた。この三人には、彼らの興味が収斂していくのがはっきりとわかった。

この段階では誰も、レプトンの電弱理論に自発的対称性の破れとヒッグス機構を適用したワインバーグの一九六七年の論文には気付いていなかった。

グラショー、イリオポロス、マイアーニは、もう一度理論と格闘し始めた。W^+、W^-、Z^0粒子の質量を手で加えることは、式の中に手に負えない無限大が生じ、理論がくりこみ可能でなくなってしまう。そのうえ、**弱い中性カレント**の問題があった。例をあげると、この理論は、中性の**K中間子**はZ^0ボソンを放出し、その過程で粒子に含まれていたストレンジネスの値を変え、二つのミューオンを生み出す弱い中性カレントを予言した。しかしながら、この崩壊モードの実験的証拠はまったくなかった。この物理学者たちは、Z^0をまったく捨て去ってしまうのではなく、なぜこの特別なモードが抑えられているのかと考えようとした。

ミューオンニュートリノは一九六二年に発見され、電子、電子ニュートリノ、ミューオンと並んで、四番目のレプトンに加えられた。この物理学者たちは、四つのレプトンと三つのクォークのモデルに手を入れることを始めて、最初はレプトンを付け加えてみた。しかしグラショーは、実際一九六四年に発表した論文で、彼が**チャームクォーク**と名付けた第四のクォークが存在する可能性について推測していたのだった。このほうがより意味をなしているように思われた。自然はきっとレプトンの数とクォークの数の間の均衡を要求していることだろう。四つのレプトンと四つのクォークのモデルのほうがずっと心地よい対称性をもっているのだ。

この理論家たちは、電荷$+2/3$のアップクォークを重くしたような第四のクォークを、モデルに付け加えた。彼らは、こうすることによって、弱い中性カレントを消し去ることができると気付いたのだ。

中性カレントは、Z^0が含まれる崩壊や、W^+とW^-粒子の両方の放出が含まれるより複雑な崩壊を通して生じる。どちらの場合も最終結果は同じもの、すなわち反対の電荷をもつ二つのミューオン、μ^+とμ^-となる。この二番目の崩壊過程が図15(a)に描かれている。ここで中性K中間子（ダウンクォークと反ストレンジクォークの組合わせとして示されている）が仮想W^-粒子を放出し、ダウンクォーク（電荷$-1/3$）をアップクォーク（電荷$+2/3$）に変える。仮想W^-粒子はミューオン（μ^-）と反ミューオンニュートリノに崩壊する。

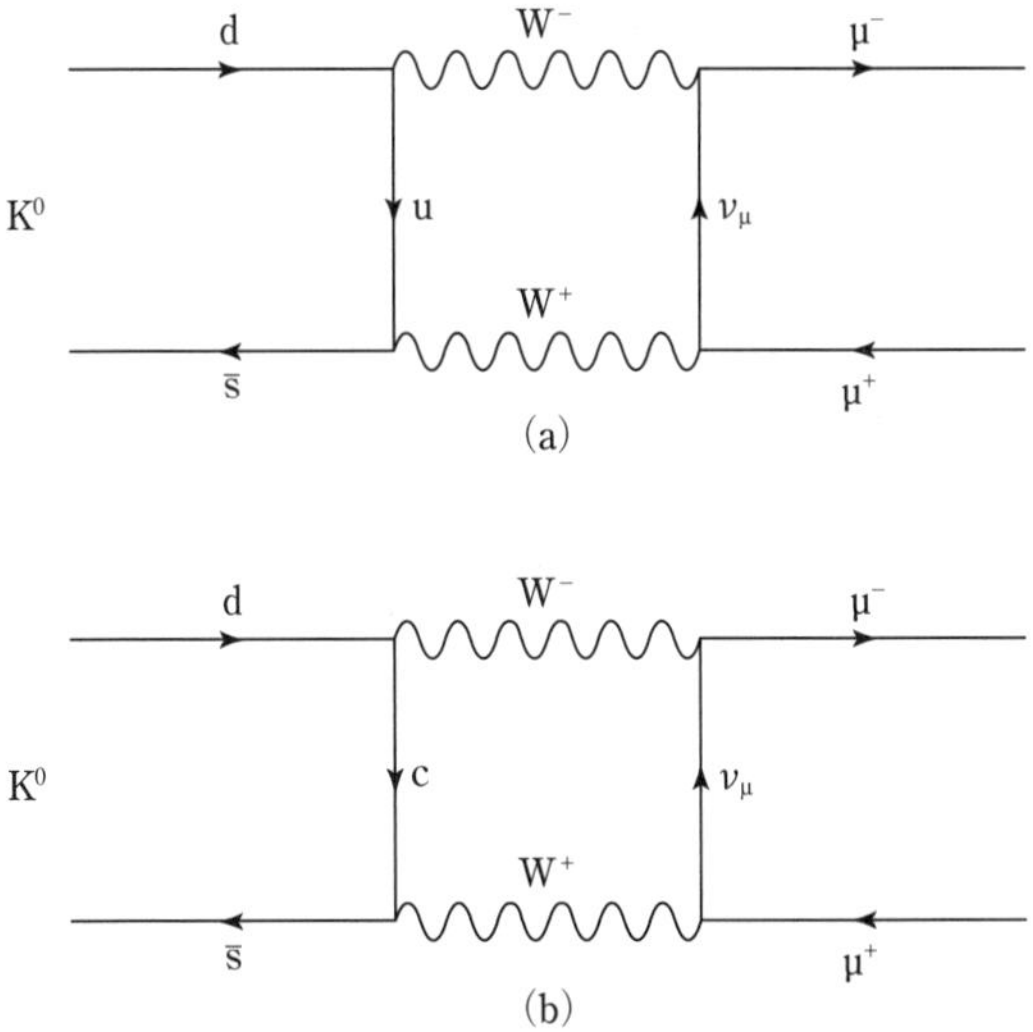

図 15　(a) 中性K中間子は，W^-粒子とW^+粒子の放出を含む複雑な機構を通して，二つのミューオンに崩壊する．これを全体としてみると電荷は変化していないので，これは弱い中性カレントである．(b) アップクォークが間に入る (a) の崩壊コースは，チャームクォーク（ここではcと記されている）を含む別の崩壊コースによって相殺される．

その結果生じたアップクォークは、それからW^+粒子を放出して、ストレンジクォークに変わると考えることができる。そのW^+粒子は正電荷ミューオン（μ^+）とミューオンニュートリノに崩壊する。これが結果的には、中性K中間子が正電荷と負電荷のミューオンに崩壊する過程に含まれる「1ループの寄与」とよばれるものである。

原理的にこの中性カレントの例が観測されない理由はない。しかし中性K中間子の通常の崩壊モードからはパイ中間子は出てくるが、ミューオンは出てこないのである。どういうわけかミューオンへの崩壊コースは抑制されているのだ。グラショー、イリオポロス、マイアーニは、チャームクォークを含むまったく類似の崩壊コース（図15(b)）が効果を発揮することに気が付いた。これら二つの崩壊コースに関係する符号の違いは、事実上それらが互いに相殺することを意味していたのだ。車のヘッドライトに照らされたウサギが立ちすくむように、中性K中間子もどちらのコースへ行くか決められず、手遅れになるまでじっとしているのだ。

これはうまい解決法だった。弱い力の相互作用の実験的研究の主要分野であったK中間子は、弱い中性カレントを示すはずであるが、チャームクォークを含む別の崩壊モードがあるために、現れないのである。

この発見に興奮した三人の物理学者は、車にどっと乗り込んでMITへと向かい、やはりこの問題を研究していた米国人物理学者フランシス・ローの研究室を訪ねた。ワインバーグも彼らに加わり、一緒になってこの新しいグラショー－イリオポロス－マイアーニ（GIM）機構の利点について討論した。

これに続いたのは、驚くべきコミュニケーション不足であった。ローの研究室に集まった理論家たちの頭の中には、**弱い力と電磁気力の統一理論**に関するほぼすべての要素が集まっていたのだ。ワインバーグは、レプトンのSU(2)×U(1)場の理論において、ヒッグス機構を用いて自発的対称性の破れを適用し、場の粒子の質量を手で持込むのではなく、計算で求められることを理解していた。グラショー、イリオポロス、マイアーニは、ストレンジ粒子の崩壊における弱い中性カレントの問題を解決する可能性のある方法を見つけており、SU(2)×U(1)理論がハドロンを含む弱い力の相互作用へと拡張できることは約束されたようなものだった。しかし彼らは、依然として場の粒子の質量を手で入れており、発散（計算結果が無限大になること）の困難に苦労していたのだ。

グラショー、イリオポロス、マイアーニは、ワインバーグの一九六七年の論文についてまったく知っておらず、ワインバーグもそれについては何も言わなかった。後に彼は、自分の以前の仕事に対して「心理的障壁」があったのだと認めた。それは、特に電弱理論がくりこみ可能であることを示す問題に関してであった(出典1)。また彼はチャームクォークモデルの提案に対して好意的には見ていなかったのだ。グラショー、イリオポロス、マイアーニが持込んだものは、その存在が疑わしい、拡張された粒子ファミリーの一員としての新粒子一個だけでなく、「チャームをもった」バリオンやメソンの新集団全部なのだ。もしチャームクォークが存在したとすると、八道説はチャーム粒子を含むより大きな表現の単なる部分集合となってしまう。

ストレンジ粒子の崩壊において弱い中性カレントがないことを説明するだけのためには、これはあまりにも代償が大きいのだ。「もちろん、予言されたチャームハドロンの存在を信じた人は誰もいなかったよ。」とグラショーは語った(出典2)。

ワインバーグ－サラム電弱理論がくりこみ可能であることを誰かが示せるまで、それ以上の進展はありえなかった。

オランダ人理論家のマルティヌス・フェルトマンは、ユトレヒト大学で数学と物理を学び、一九六六年に同大学の教授になった。彼は一九六八年から**ヤン-ミルズ場**の理論をくりこむ問題についての研究を始めた。

オランダでは、高エネルギー物理学はあまり盛んな研究分野ではなかった。これはある種の隔離されたような感覚をもたらした。しかしこれがフェルトマンの目的にはかなったものとなっていた。それは流行に乗っていない研究テーマを彼が選ぼうと、気兼ねなくできることを意味していた。

一九六九年の初め、若い学生のヘーラルト・トホーフトが修士論文の研究を行うため、彼のところに割り当てられて入ってきた。フェルトマンは、この若い学生にヤン-ミルズ理論の研究をさせるにはリスクが大き過ぎると判断し、また就職のためにも利益にならないだろうと考えて、他のテーマを与えた。しかし、トホーフトは修士論文を無事完成させ、大学に残って博士論文の研究をするポジションを与えられたとき、彼はフェルトマンのところで研究を続けることを希望した。

フェルトマンは、まだヤン-ミルズ理論が危険に満ちたものであると判断していた。彼はくりこみに関してかなりの進展をさせていたが、問題は極度に頑強なものであった。しかしトホーフトは、これは彼の博士論文にとって豊かな成果をもたらすものになるだろうと強く感じていた。フェルトマンは最初別のテーマを勧めたが、トホーフトは考えを曲げなかった。

彼らはありそうもない組合わせだった。フェルトマンは、並はずれて真面目な性格の持ち主で、自分の業績に誇りをもっており、それに物理学コミュニティが総じて興味をもたなくても気にかけなかった。トホーフトは、華奢で、かなり控えめで、彼の謙虚さはまれに見る鋭さをもった知性を覆い隠していた。彼は一九九七年に出した本"In Search of the Ultimate Building Blocks"の中で、逸話を通してフェルトマンのことを紹介している。ある日フェルトマンは、すでに満員であったエレベーターに乗り込もうとした。ボタンが押されたとき、過荷重を警告するエレベーターのブザーがなった。すべての目がフェルトマンに集まった。比較的大きな胴回りをもち、最後に乗り込んだうちの一人だったからだ。普通の人なら、きまり悪そうにお詫びをつぶやいて降りるところであろうが、フェルトマンはそんなことはしなかった。彼はアインシュタインの等価原理を理解していた。それは一般相対性理論の基礎を支えるもので、人が自由落下しているときは体重を感じないというものだ。彼はどうすべきかを知っていたのだ。

「私が『イエス』と言ったら、ボタンを押せ！」彼は大声で言った（出典3）。そして彼は空中に跳び上がった。「イエス！」彼は叫んだ。

誰かがボタンを押し、エレベーターは上昇を始めた。フェルトマンが床に降り立つまでに、エレベーターは十分な速度を得ており、そのまま動き続けた。そのエレベーターの中にトホーフトがいたのだ。

一九七〇年の秋もしくは翌年初めにかけての冬のあるとき、フェルトマンとトホーフトは大学構内の建物の間を歩いていた。

「それが何であって、どのようにしてでも構わない。」フェルトマンは彼の学生に言った。「とにかくわれわれが欲しいのは、質量をもった荷電ベクトルボソンを含む、少なくとも一つのくりこみ可能な理論なのだ。それがたとえ自然と無関係そうに見えようが、そんなことは枝葉の問題であって、後でモデルフリークの誰かが解決してくれるだろう。いずれにせよ、すでにすべての可能なモデルは出尽くしているのだ。」（出典4）

「それは私にはできます。」トホーフトは急いで言った。

フェルトマンは、その問題の頑強さを知り尽くしていたし、リチャード・ファインマンのような他の人たちも努力したのだが、失敗に終わったのを知っていたので、トホーフトの宣言は彼を大いに驚かせた。彼はほとんど木にぶつかりそうになった。

「君は何と言ったのだ？」彼は訊ねた。

「それは私にはできます。」トホーフトは繰返した。

フェルトマンは、この問題について長い間研究してきたので、トホーフトが見つけられるくらい簡単な答えであるとはまったく信じられなかった。当然のことながら彼は懐疑的であった。

「それを書いてみてくれないか。見てみよう。」と彼は言った。

しかし、トホーフトは一九七〇年のコルシカ島カルジェーズのサマースクールで自発的対称性の破れについて学んでおり、一九七〇年後半には彼の最初の論文で、質量のない粒子を含むヤン－ミルズ理論はくりこみ可能であることを示していたのだった。トホーフトには、自発的対称性の破れを適用することによって、質量のある粒子のヤン－ミルズ理論もくりこみ可能となることに自信があったのだ。

彼は短時間でそれを実際に書き付けた。

フェルトマンは、トホーフトがヒッグス機構を使ったことが気に入らなかった。彼は特に、宇宙全体に充満する背景ヒッグス場の存在は、重力の効果を通して姿を見せるはずであると懸念していたのだ(注1)。

それから彼らは行きつ戻りつ議論を重ねた。ついにトホーフトは、彼の理論的な操作の結果を、それをどのように出したのかははっきりと示さずに、彼の論文指導教官に渡すことにした。フェルトマンには十分よくわかっていたが、甘んじてトホーフトの結果の正確さを確認するのみであった。

その数年前にフェルトマンは、コンピュータープログラムを用いて複雑な代数操作を行う新しい手法を開発しており、彼はそれをオランダ語で「きれいな船」を意味するスクーンシップ(注2)と名付けていた。これはコンピューターで代数系を取扱った初めてのもののうちの一つで、記号形式で表された数式の操作を行うことができた。彼はトホーフトの結果をもって、直ちにジュネーブへ行き、CERNのコンピューターでそれを調べた。

フェルトマンは興奮した。しかしまだ懐疑的であった。彼はコンピュータープログラムを組みながら、結果を見通してみて、トホーフトの式の中に現れるある係数4を取除いてみることにした。その係数はヒッグスボソンに関係するものであった。彼には係数4は十分途方もないものだと思われた。

(注1)　つまりそれは、アインシュタインの重力場の方程式に、彼自身によって最初に導入された「補正項」、すなわち宇宙定数に対する特定の寄与のことである。宇宙定数（ラムダ）は、ビッグバン宇宙論のラムダ－CDMモデルにおいて、時空の膨張率を支配している。

(注2)　これは、乱雑な状態をきれいに片付けることを意味する、オランダ海軍の表現である。オランダ人以外の人を悩ませようとして、この名前を選んだのだ、とフェルトマンは後に言った。

プログラムを組上げ、この係数を落として走らせてみた。

彼はまもなくトホーフトを電話で呼出して、宣言した。「ほぼうまくいったよ。君はちょっとした係数2を間違えていただけだった。」(出典5)

トホーフトは間違えていなかった。「それから彼は、係数4でさえ正しいことを了解したのだ。」とトホーフトは説明した。「そしてすべてが見事に打消し合っていることをね。そのころには彼は、私と同じくらい興奮していた。」

トホーフトは、一九六七年にワインバーグがつくり上げた、破れたSU(2)×U(1)場の理論を、まったく独立に(そしてまったく偶然にも)つくっていたのだった。しかも、それがどのようにしてくりこみ可能であるかも示したのだ。トホーフトは、その理論を強い力の場の理論に応用することを考えていた。しかしフェルトマンが、CERNの同僚にSU(2)×U(1)理論を何か他に応用できないかと尋ねたとき、指し示されたのがワインバーグの論文だったのである。フェルトマンとトホーフトはそのとき、彼らが**電弱相互作用**の完全にくりこみ可能な量子場理論を構築したことを悟ったのだ。

これは画期的な進展であった。「…くりこみ可能性の完全な証明の心理的効果は絶大であった。」と何年か後にフェルトマンは書いた(出典6)。実際、トホーフトがやったことは、ヤン-ミルズ理論が一般的にくりこみ可能であることを示したことだったのだ。実のところ**局所ゲージ理論**は、くりこみ可能にできる場の理論の部類のなかでは、唯一のものなのである。

トホーフトはちょうど二五歳であった。グラショーは初めその証明を理解できなかった。彼はトホーフトについてこう語った。「この男はまったくの馬鹿者か、あるいは何年にもわたって物理にインパクトを与える最大の天才かのどちらかだ(出典7)。」ワインバーグもその証明を信じなかった。しかし仲間のある理論家がそれを真剣に受け止めているのを見て、彼もトホーフトの仕事をもっと綿密に調べてみることにした。彼はすぐに確信した。

トホーフトは、ユトレヒトの准教授に任命された。

これですべての要素は出揃った。くりこみ可能な、自発的に破れた弱い力と電磁力のSU(2)×U(1)場の理論が手に入ったのだ。WとZ^0ボソンの質量は、ヒッグス機構を適用することで「自然に」出てくる。いくつかのアノマリー（量子異常）は残っていたが、トホーフトは彼の論文の脚注で、それらがあっても理論はくりこみ不可能にはならない、と指摘した。「もちろん、それは、いろいろな種類のフェルミオン（クォーク）を必要なだけ付け加えれば、くりこみ可能性を取戻せると言っているように解釈されるべきだが、多分そう言う必要があるとさえ思ってもいなかったのだ。」と、彼は何年か後に書いた(出典8)。

残されたアノマリーは、モデルにクォークを付け加えることによって、取除くことができたのだ。

では、**強い力の場の理論**に対しては、何が期待できるのだろう?

ゲルマンは一九六九年にノーベル物理学賞を受賞した。授賞理由には、彼のさまざまな寄与があげられたが、なかでもとりわけ大きいのが**ストレンジクォーク**の発見と**八道説**であった。彼の業績は、ノーベル物理学委員会メンバーのアイヴァー・ウォーラーによる公式紹介スピーチに載っている。

ウォーラーはクォークについても言及し、熱心に探されたが発見されなかったと説明した。彼は、クォークにはそれでもなお偉大な「発見的」価値があったと上品に認めたのだった。

ゲルマンはそのときからノーベル賞受賞者として有名人の地位を授けられたのだ。会議への出席や論文の提出などの依頼が殺到し、彼にとっては常に難しい執筆作業が、もう不可能になってしまった。スウェーデン・アカデミーの"Le Prix Nobel"に載せる彼自身のノーベル賞講演の提出期限さえも間に合わなかったのだ(注3)。それは数多くの期限を守れなかったもののうちの一つだった。

一九七〇年の夏、彼は家族を伴ってコロラド州のアスペンに引きこもった。だがそれは業務から逃れるためであって、物理から離れるのではなかった。彼らはアスペン物理学センターの構内で他の物理学者たちの家族と一緒に休暇を過ごした。

このセンターは、気晴らしに自由を求めるノーベル賞受賞者たちのために特別につくられたものだ。二人の物理学者の求めに応じて、アスペン人文学研究所が一九六二年に建てたのである。彼らのアイデアは、安らかで、くつろいだ、組織立っていない環境を提供する施設をつくることだった。そこで物理学者たちは、日々の研究者の仕事のなかの管理業務から逃れ、彼ら同士ただ物理について語り合えるのだ。町のはずれのポプラの森の真ん中にある、アスペン・メドウ構内の土地を、この研究所は一部割いてくれたのである。

ゲルマンがハラルド・フリッチに出会ったのは、アスペンにおいてであった。熱烈なクォークモデルの信奉者のフリッチは、ゲルマンが彼自身の「数学的」創作物に対し、不思議にも相反する感情をもっていることを発見して驚いた。

フリッチは、東ドイツのライプツィヒの南にあるツヴィッカウに生まれた。同僚と共に共産主義東ドイツから亡命し、船外モーターを取り付けたカヤックに乗ってブルガリアの官憲を逃れた。彼らは黒海を二〇〇マイル航行し、トルコへ行った。

彼は、西ドイツのミュンヘンにあるマックス・プランク物理学天文学研究所において、理論物理の博士研究を始めた。そこで彼の教授の一人だったのがハイゼンベルクである。一九七〇年の夏、彼はカリフォルニアへ向かう途中、アスペンを通って行ったのだった。

フリッチは東ドイツで学生だったころ、クォークが強い核力の量子場理論の核心であるに違いないという確信を抱いた。それらは数学的な手段をはるかに超えたものだ。実在するのだ、と。

ゲルマンは、その若いドイツ人の熱意に感銘を受け、毎月約一回カルテック（カリフォルニア工科大学）の彼のもとへ訪ねて来ることを認めた。彼らは一緒に、クォークから場の理論を構築する研究を始めた。一九七一年の初頭に西ドイツでの卒業研究を完成させたフリッチは、カルテックに移ってきた。

フリッチは、ゲルマンのクォークに対する保守的な態度の土台を揺るがす小地震の引き金となった。それは単なる心理的地震だけではなかったようだ。ちょうどフリッチがカルテックに到着した一九七一年二月九日の早朝、シルマー近くのサンフェルナンド・バレーを本物の地震が襲ったのだ。リ

（注3）　ノーベル賞委員会のウェブサイト（Nobelprize.org）には、「（一九六九年一二月一一日に）ゲルマン教授は受賞講演を行ったが、本巻に載せるための原稿は提出しなかった」ときっぱり述べられている。

ヒター・スケールでマグニチュード六・六であった。後にゲルマンが書くには、「そのときの思い出に、私は壁の絵を曲がったままにしておいたのだ、それが一九八七年の地震でさらに乱されるまでね。」（出典9）

ゲルマンは、彼自身とフリッチのために助成金を都合し、一九七一年の秋、二人はCERNへ出かけた。そこで彼らに中性パイ中間子の崩壊率の計算に出てくるアノマリーについて話したのが、超伝導のBCS理論のジョン・バーディーンの息子のウィリアム・バーディーンだった。バーディーンはプリンストンに一時いたとき、その計算についてスティーヴン・アドラーと研究していたのだった。彼らは、分数電荷のクォークモデルの予測する崩壊率が、測定値と比べてファクター3小さいことを見つけていた。アドラーはさらに、整数電荷クォークのハン－南部モデルのほうが実際よい予測値を出すことも示した。

それで、ゲルマン、フリッチ、バーディーンは、どういう選択肢をとったらよいか一緒に検討した。彼らは、元々の分数電荷クォークモデルを変形することによって、中性パイ中間子の結果と合うようにできないか調べることにした。

ハンと南部が提唱したように、彼らに必要なのは新しい量子数だった。ゲルマンは、この新しい量子数を「カラー」とよぶことに決めた。この新しい方式では、クォークは三つの可能な**カラー量子数**（青、赤、緑）をもつのだ（注4）。

バリオンは、全「カラー荷」がゼロになって、粒子が「白」になるよう、異なるカラーをもつ三つのクォークから構成されるとする。たとえば陽子は、青のアップクォーク、赤のアップクォーク、それに緑のダウンクォークから成っているとする（$u_b u_r d_g$）。中性子は、青のアップクォーク、赤のダウンクォーク、それに緑のダウンクォークから成っているだろう（$u_b d_r d_g$）。パイ中間子やK中間子のようなメソンは、色の付いたクォークとその補色の反クォークから成っていると考えることができる。それでメソンも全カラー荷がゼロになり、粒子は「白」になるのだ。

　これはうまい解決法だった。異なるクォークの色が余分な自由度を提供して、パウリの排他原理が破られないことを意味した。クォークの異なる種類の数が三倍になることで、中性パイ中間子の崩壊率も正確に予測できるようになったのだ。そして誰も実験でカラー荷を見ることができないのは、それがクォークのもつ性質であって、クォークは白色のハドロンの中に「閉込められて」いるからなのだ。すべての観測できる粒子は白であることを自然が要求しているので、カラーは見えないのである。

「われわれには徐々に、（カラー）変数はわれわれにとってすべてうまくいくことが見えてきた！」とゲルマンは説明した。「それは統計の問題を解決した。しかも妙な新粒子を含めないで、うまくいったのだ。そしてさらに、力学を解決してくれることもわかった。カラーに基づいたSU(3)ゲージ理論、すなわちヤン－ミルズ理論を構築できるからだ。」（出典10）

　一九七二年の九月までにゲルマンとフリッチは、三つの分数電荷クォークで構成されるモデルを練

（注4）　元々の方式では、ゲルマン、フリッチ、バーディーンは、赤、白、青とよんでいた。それはフランスの国旗にヒントを得たものだった。しかし、赤、緑、青のほうがうまくいくことがすぐに明らかになった。それは、三色が混ざると白色になるからだ。混乱を避けるため、ここでは最初から現在使われている用語を採用した。

り上げた。**クォーク**は、三つの**フレーバー**（アップ、ダウン、ストレンジ）と三つの**カラー**をもち、強い「カラー力」を媒介するカラー荷をもった八個の**グルーオン**の系によって結び付けられるのだ。ゲルマンはこのモデルについて、シカゴの国立加速器研究所の開設を記念するための高エネルギー物理学の会議において発表した。

しかし彼はすでに再考し始めていた。特にクォークの状態と、それらが永久に束縛されている機構について再び悩み、ゲルマンはその理論を控えめに紹介したのだ。彼は一個のグルーオンを盛込んだある種のモデルついて話した。クォークとグルーオンは「架空の」ものであると強調した。

彼とフリッチが講演録を書こうとするころには、すっかり疑念に覆われてしまっていた。彼は後にこう記した。「講演録を書いているとき、不幸にもわれわれは今言ったその疑いに悩まされ、技術的な事柄に逃げ込んでしまったのだ。」（出典11）

その勇気をなくしたことは理解に難くない。もしカラー荷をもつクォークが実際「白」のバリオンやメソンの内部に永久に閉込められていて、その分数電荷やカラー荷が決して観測できないのならば、クォークの性質について考えることは本質的に無益なことだと論じられてしまうだろう。

この理論家たちはそのとき、壮大な統合のすぐ近くまで来ていたのだ。それは、SU(3)×SU(2)×U(1)対称性に基づく量子場理論の組合わせ、後に標準モデルとして知られるようになるものだった。この統合は、その後の三〇年間にわたり、実験素粒子物理にとって理論的基盤となるものであった。実にそのためらいは、飛込み前の深呼吸だったのである。

実際その数年前には、クォークが存在する証拠らしきものが、電子と陽子との高エネルギー衝突で見えていた。カリフォルニアにあるスタンフォード線形加速器センター（SLAC）で行われた実験の結果は、陽子が点状の構成要素でできていることを強く示唆していたのだ。

しかしこれらの点状の構成要素が、クォークであるかどうかは明らかでなかった。さらにもっと大きな謎だったのが、これらの構成要素は陽子の中で、身動きできないようにしっかりと拘束されているのではなく、まったく自由に動き回っているかのようにふるまっていることも、実験結果は示していたのだ。これはクォーク閉込めの考えとは、どのようにして両立させられるのだろう？

理論家たちの仕事はほぼ終わった。標準モデルはほぼ完成した。今度は実験家たちの出番だ。

第二部　発見

第六章　見え隠れする中性カレント

陽子と中性子が内部構造をもつことが示され、予言された弱い核力の中性カレントが発見され、そして消え、そしてまた発見されたこと

宇宙線は、それまで見たことのないような高エネルギーの粒子衝突をつくり出す。それは時には、今日の粒子コライダーでさえまったく到達できないような高エネルギーのこともある（注1）。しかし宇宙線の起源については謎である。検出された事象をひき起こした粒子や、そのエネルギーについて知ることはできない。宇宙線実験の成功は、新粒子あるいは新反応の偶然の検出にかかっているのだ。しかもその検出を再現することは非常に困難なのである。

（注1）　宇宙線粒子の典型的なエネルギーは一〇メガ電子ボルト（MeV, 10^6 eV）から一〇ギガ電子ボルト（GeV, 10^9 eV）の間にある。しかしごくまれには、信じられないほど高いエネルギーの粒子が記録されることがある。一九九一年十月一五日にユタ州で検出された宇宙線粒子は、約三億テラ電子ボルト（TeV, 10^{12} eV）のエネルギーをもっていた。“Oh-My-God” 粒子とよばれたこの粒子は、光速にごく近い速度にまで加速された陽子であると考えられた。

一九三〇年代から一九五〇年代にわたる二十年間に、宇宙線実験によって陽電子、ミューオン、パイ中間子、K中間子が発見される成功はあったが、それ以上の素粒子物理の発展には、より強力な人工の**粒子加速器**の発達を待たねばならなかった。

最初の加速器が作られたのは一九二〇年代後半である。それらは線型の加速器であった。振動電場を一直線上に並べ、その中を電子や陽子を通過させて加速する装置だ。一九三二年にジョン・コッククロフトとアーネスト・ウォルトンは、このような加速器の一つを用いて陽子を高速に加速し、固定標的に当てることを行った。これが標的の原子核の核反応を人工的に起こした最初の実験である(注2)。

一九二九年に米国人物理学者のアーネスト・ローレンスは、別な設計の加速器を発明した。それは、磁場によって閉込められた陽子の流れが渦巻き状に運動するとき、交互に移り変わる電場を用いることによって、陽子の速度を次第に高めてゆく方式だ。彼はそれをサイクロトロンとよんだ。

ローレンスには演出が巧みな面もあり、彼は大きな野望ももっていた。より大きな加速器を次々に作り、ついに一九三九年には二千トンもの重さの磁石を用いた巨大なスーパーサイクロトロンの設計にまで達したのだった。この加速器は一億電子ボルト（100 MeV）のエネルギーの陽子を供給できると、ローレンスは見積もった。これは陽子が原子核を通過するのにちょうど必要なエネルギーであった。ローレンスはロックフェラー財団に援助を求めて働きかけた。彼が一九三九年のノーベル物理学賞に決まったという知らせを受けたのは、おりしもテニスの試合の最中であった。これにより彼の売込みがおおいに強化されることになったのだ。

戦争の勃発で、ローレンスのサイクロトロンの技術はウラン－２３５を分離する問題に転用された。広島に落とされた原子爆弾を作るのに十分な量を得る狙いだ。東テネシーのオークリッジで建設された電磁アイソトープ分離装置Ｙ－１２は、ローレンスのサイクロトロンの設計に基づくものであった（注３）。

Ｙ－１２で使われた磁石は、長さ二五〇フィート（七六メートル）、重さは三千トンから一万トンにものぼった。この建設は米国の銅の供給を使い果たした。そして合衆国財務省は、巻き線を完成させるため、マンハッタン計画に一万五千トンの銀を貸し付けなければならなかった。これらの磁石は、大都市と同じくらいの電力を必要とし、その磁場の強さは労働者が靴の釘にかかる磁力を感じるほど大きなものだった。磁石の近くに寄ってしまった女性は、時々ヘアピンを失くした。壁のパイプも引っ張られた。一九四三年に運転を開始したこのプラントを動かすために、一万三千人が雇われた。

これが、「巨大科学」として知られるものの最初の例であった。

サイクロトロンは、一定の磁場強度と固定周波数の電場を用いていた。したがって、粒子エネルギーには固有の上限があり、それは約千メガ電子ボルト（一ギガ電子ボルト、GeV）であった。さら

（注２）　この実験の報告では、「原子を分裂させた」とあるが、それはあまり正確ではなかった。
（注３）　使用された技術は電磁分離だけではなかった。オークリッジでは、巨大なガス拡散プラント（Ｋ－２５）や熱拡散プラントも建設された。

に高いエネルギーに到達するには、加速される粒子を固まりにして円形軌道上を走らせ、それに同調させて磁場と電場の両方を変える必要があった。そのようなシンクロトロンの初期の例としては、カリフォルニア州バークレーの放射線研究所で一九五〇年に建設された六・三ギガ電子ボルトの加速器ベバトロンや、ニューヨーク州のブルックヘブン国立研究所で一九五三年に建設された三・三ギガ電子ボルトの加速器コスモトロンがあった。

他の国々もこれに加わり始めた。一九五四年九月二九日、西ヨーロッパの一一カ国は、Conseil Européen pour la Recherche Nucléaire（欧州原子核研究理事会、ＣＥＲＮ）（注4）を設立するための協定を批准した。その三年後、モスクワの百二十キロメートル北、ドゥブナにあるソビエト連邦原子核研究合同研究所では、十ギガ電子ボルトの陽子シンクロトロンの建設が完成した。ＣＥＲＮはすぐそれに続いて、一九五九年に二六ギガ電子ボルトの陽子シンクロトロンをジュネーブに建設した。

米国における高エネルギー物理学に対する資金は、冷戦の技術覇権競争が白熱化した一九六〇年代に大きく増加した。一九六〇年にはブルックヘブンで、三三ギガ電子ボルトで運転できる交互勾配（強収束）シンクロトロンが建設された。素粒子物理学の将来の発展は、衝突エネルギーをより高くする技術を押し進めるシンクロトロン設計者の腕にかかっていた。

それで、一九六二年にカリフォルニアのスタンフォード大学で、新たに一億一四〇〇万ドルの二十ギガ電子ボルト線型電子加速器の建設が始まったとき、多くの素粒子物理学者は、それが見当はずれの加速器であり、二流の実験しかできないと切って捨てた。

しかしいくらかの物理学者は、ますます高いエネルギーのハドロン衝突に重きを置くことは、精緻さを犠牲にすることになると認識していた。シンクロトロンは陽子を加速するのに用いられ、加速された陽子は固定標的に打ち込まれて、その中の陽子と衝突する。リチャード・ファインマンが説明したように、陽子-陽子衝突は「二つの懐中時計を互いにぶつけて、それらがどのように一緒にくっつくのかを見るようなもの」だった(出典1)。

スタンフォード線形加速器センター（SLAC）は、サンフランシスコから約六十キロメートル南にあるスタンフォード大学の四百エーカー（1.6 km^2）の敷地に設置された。加速器のビームエネルギーは、一九六七年に初めて設計値の二十ギガ電子ボルトに到達した。その加速器は、円形ではなく、直線の形をしている。それは、強磁場を用いて電子ビームを円形に曲げると、X線シンクロトロン放射が出ることによって、大量のエネルギー損失が生じるからだ。

電子が陽子と衝突するとき、三つの異なる相互作用が起こる。まず、電子は陽子からほぼ無傷で跳ね飛ばされるかもしれない。このとき、電子は陽子と仮想光子を交換し、速度と方向を変える。しかしどちらの粒子も無傷のままだ。このいわゆる**弾性散乱**は、あるピーク付近に分布する比較的高い散乱エネルギーの電子を生ずる。

二番目の種類の相互作用は、電子の衝突で交換される仮想光子が陽子を蹴って、一個あるいは複数

（注4）　暫定的な理事会が解散されてからは、Organisation Européenne pour la Recherche Nucléaire（欧州原子核研究機構）と新たに命名された。しかし、OERNという略語はCERNと比べて使いづらいと判断され、元の略語が残された。

の励起エネルギー状態にするというものだ。その結果、散乱された電子は、より低いエネルギーで飛び去り、散乱エネルギーに対する事象発生率の図には一連のピークが見られるようになる。これらは陽子の異なる励起状態に対応するもので、「**共鳴**」とよばれる。このような散乱は**非弾性**である。それは新しい粒子（パイ中間子のような）が生成されるからだが、電子と陽子は相互作用から無傷で飛び出してくる。本質的には、衝突のエネルギー、および交換される仮想光子のエネルギーは、新しい粒子の生成となっているのである。

三番目の種類の相互作用は、**深非弾性散乱**とよばれ、電子および交換される仮想光子のエネルギーの大部分が、陽子を完全に壊すことにいくというものだ。その結果として、多数の異なるハドロンが生じ、そして散乱された電子は、非常に少ないエネルギーになって跳ねかえるのだ。

一九六七年の九月にＳＬＡＣで、液体水素標的を用いた、比較的小さい角度での深非弾性散乱の研究が始まった。これは、ＭＩＴの物理学者ジェローム・フリードマンとヘンリー・ケンドール、それからカナダ生まれのＳＬＡＣの物理学者リチャード・テイラーを含む小さな実験グループによって実施されたものであった。

彼らの注意を引いたのは、「**構造関数**」とよばれるものの、入射電子エネルギーと散乱電子エネルギーの差に対するふるまいであった。このエネルギー差は、衝突で電子が失ったエネルギー、あるいは交換される仮想光子のエネルギーと関係付けられる。仮想光子エネルギーが大きくなるに従って、構造関数は期待される陽子の共鳴状態に対応して、際立ったピークを示した。しかし、さらにエネルギーが大きくなると、これらのピークは消え、広くて特徴のない平坦な形が現れてきた。その分布は、端のほうにいくに従って徐々に低くなってゆくが、深非弾性散乱の領域にまで十分入り込んでいた。

不思議なことに、その関数の形は入射電子エネルギーにほとんどよらないように見えた。実験家たちはその理由を理解できなかった。

しかし米国人理論家のジェームズ・ブヨルケンは理解した。ブヨルケンは、一九五九年にスタンフォード大学で博士号をとり、しばらくの間コペンハーゲンのニールス・ボーア研究所で過ごした後、少し前にカリフォルニアに戻っていた。彼は、ＳＬＡＣが完成する直前に、量子場理論に基づいた少々難解な方法を用いて、電子−陽子散乱の結果を予測する方法を開発していた。

このモデルでは、陽子を二つの異なるやり方で考えることができた。一つは、陽子を何かの物質でできた固い「ボール」とみなし、質量と電荷が一様に分布しているとするもの。もう一つは、陽子内はほとんど何もない空間で、その中に電荷をもった点状の構成要素がばらばらに存在しているとするものであった。この二つ目は、一九一一年に明らかにされた原子の構造（空っぽの空間内に正電荷をもった小さな原子核がある）とよく似たものであった。

陽子の構造に関するこれら二つの非常に異なった考え方から導かれる散乱の結果は、それぞれ非常に異なったものとなる。十分高いエネルギーの電子は「複合」陽子の内部を貫通することができ、そして点状の構成要素と衝突できるだろう、とブヨルケンは理解していた。深非弾性散乱の領域では、電子は大角度にたくさん散乱され、そして構造関数は実験でちょうど示されたようにふるまうようになるのだ。

ブヨルケンは、そのような点状の構成要素が**クォーク**かもしれないと宣言することは控えた。クォークモデルは、まだ物理コミュニティでの扱いは嘲笑を伴ったものであり、それよりもよいとみられる他の理論もあったのだ。そのデータの解釈をめぐっての議論は、MIT-SLACの物理学者グループ内でも巻き起こった。その結果、物理学者たちは、彼らの実験結果をクォークが存在する証拠だと宣言することは急がなかったのだ。

そして、それに続く十カ月の間、問題はそのままであった。

一九六八年の夏、リチャード・ファインマンがSLACを訪れた。弱い核力や量子重力の面での研究に区切りをつけた後、彼は高エネルギー物理に注意を向けようと決めたのだ。彼の妹のジョーンがSLAC施設近くの家に住んでおり、彼女のところを訪ねたとき、彼はその機会を利用して、SLACを「うろつき回り」、その分野で何が起こっているかを見つけ出そうとした。

彼はMIT-SLACグループの深非弾性散乱に関する研究について耳にした。二回目の実験がまもなく開始されようとしていたが、物理学者たちは依然として前の年のデータの解釈について悩んでいた。

ブヨルケンは不在にしていたが、彼の新しい博士研究員のエマニュエル・パショスがファインマンに、構造関数のふるまいについて話し、どう考えるか尋ねた。ファインマンはデータを見て、言った。「私は生涯ずっとこのような実験を探し求めていたのだ。強い力の場の理論を調べられる実験を(出典2)!」彼はその夜モーテルの部屋で計算した。

彼は、MIT-SLACの物理学者たちの見たふるまいが、陽子内部の深い所にいる点状の構成要素の運動量分布に関係していると確信した。ファインマンは、これらの構成要素を「パートン」とよんだ。文字通り「陽子の一部（パート）」からとったものだが、陽子内部に関する他の特定のモデルと混同を避けるためでもあった(注5)。

「私は君たちに本当に見せたいものがある。」翌朝ファインマンはフリードマンとケンドールに宣言した。「私は昨夜モーテルの部屋で、これをすべて計算したのだ(出典3)！」すでにブヨルケンも、そのときファインマンが引き出した結論にほぼ到達していた。ファインマンは彼の優先権を認めた。しかし、またもやファインマンは、その物理をずっと単純に、しかもより豊かに、より視覚的に記述したのだ。一九六八年十月に彼がＳＬＡＣに再来して、パートンモデルについての講義を行ったときは、あたかも火をつけたかのようだった。ノーベル賞受賞者による熱烈な支持ほど、大胆なアイデアに信頼性を与えるものはないのだ。

実際パートンはクォークなのだろうか？ ファインマンは、それについて答えはもたず、また気にもかけなった。しかしブヨルケンとパショスは、クォークの三重項に基づいたパートンの詳細なモデルを直ちにつくり上げた。

ＳＬＡＣにおいて続いて行われた中性子からの深非弾性電子散乱の研究と、ＣＥＲＮにおいて行わ

（注5）　ゲルマンの態度は冷ややかだった。彼は「パートン（parton）」のことを、見せかけのものを意味する「プットン（put-on）」とよんだ。実のところ、「パートン」はクォークだけではない。クォーク同士の間でカラー力を伝えるグルーオンも「パートン」なのである。

れた陽子からのニュートリノ散乱の研究結果は、それを支持する証拠をもたらした。一九七三年の中ごろには、クォークは正式に「認められて」いた。それらは冗談交じりに自然界の奇妙な偶然（quirk）とみなされることもあったが、いまやクォークはハドロンの実在の構成要素として認められる決定的な一歩を進めたのである。

いくつかの重要な質問は、まだ答えられずに残っていた。構造関数のふるまいは、クォークが陽子あるいは中性子の中で、それぞれ互いにまったく独立に跳ねまわっていると仮定した場合に限って、正しく理解することができるのだ。ところが、二十ギガ電子ボルトの電子は個々のクォークに打ち当たり、ホスト役の標的中の核子を破壊してしまう。それではどうしてクォークは解放されて、自由にならないのだろうか？

それは意味をなさなかった。もし強い力がクォークを核子の中にしっかりと束縛して、永遠に「閉込めて」、クォークが決して外に姿を現せないのだとしたら、それらが核子の中でそれほど自由に動き回っているように見えるのはどうしてなのだろう？

一九七一年の末までには、電弱相互作用の完全な形の量子場理論ができあがり、理論家たちの自信は大きくなっていった。電磁気と弱い核力との違いは、ヒッグス機構を用いた対称性の破れで説明することができ、対称性が破れていなければ、普遍的な電弱力という同じものなのだ。対称性の破れは、弱い力の媒介粒子に質量を与えると同時に、光子は質量のないままにした。弱い力は、電荷を

もった力の媒介粒子二つ（W^+とW^-粒子）に加えて、中性の力の媒介粒子を一つ（Z^0）必要とした。もしZ^0が存在するならば、その交換を含む相互作用は、**弱い中性カレント**のかたちで現れると期待された。

　もし理論が正しいとすると、中性のＫ中間子は弱い中性カレントの特徴を表し、それには**ストレンジネス**の変化も含まれると期待された。このようなストレンジネスが変化するカレントが見つからないというかなり厄介な問題は、いまやもうＧＩＭ機構と四番目のクォーク（**チャームクォーク**）の存在に頼ることで説明された。

　理論家たちは、弱い中性カレントの別な徴候に、彼らの注意を転じた。それはストレンジネス数の変化を伴わないもので、それらを探すよう実験家たちに促し始めた。その最もよい候補は、**ミューオンニュートリノ**と**核子**（陽子や中性子）との間の相互作用を含む事象のように思われた。たとえば、ミューオンニュートリノと中性子の衝突においては、仮想W^-粒子がミューオンニュートリノを負電荷の**ミューオン**に変え、そして中性子を陽子に変える。これは荷電カレントである。仮想Z^0粒子の交換は、ミューオンニュートリノと中性子の両方ともそのままにする中性カレントである（図16を参照）。この両方の過程が起こるとすると、弱い中性カレントの証拠は、核子からのミューオンニュートリノの散乱において、ミューオンが生成されなかった事象を探すことで得られるだろう。ワインバーグは、荷電カレント事象一〇〇個に対し、中性カレント事象がおよそ一四個から三三個の間で起こるはずであると見積もった。

　問題は、ニュートリノが極端に軽い中性の粒子であって、粒子検出器にまったく痕跡を残さないこ

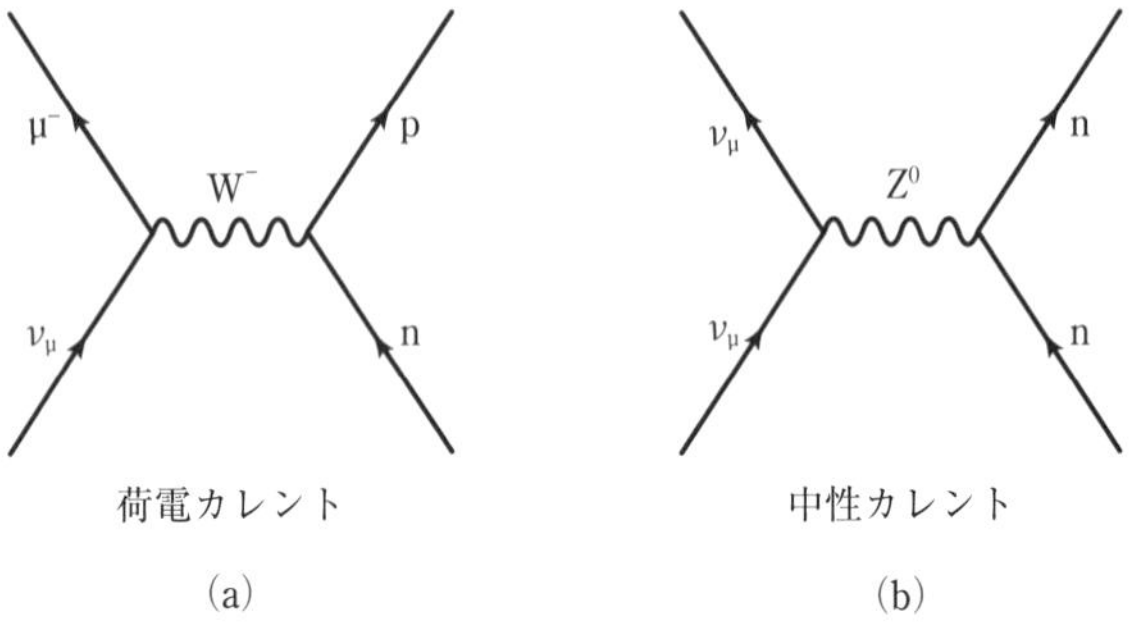

図16　(a) 中性子(n)がミューオンニュートリノ(ν_μ)と衝突して，仮想W^-粒子が交換される．これは中性子を陽子(p)に変え，ミューオンニュートリノをミューオン(μ^-)に変える．これは荷電“カレント”である．(b) しかし同じ衝突で仮想Z^0粒子の交換が起こることもある．この場合は衝突した粒子はそのままで，ミューオンは生成されない．この“ミューオンがない”事象が中性カレントである．

とであった。こういう検出器は、荷電粒子が通過する際、検出器の物質中の原子から電子をはぎ取り、粒子の飛跡に沿って荷電イオンが生じ、それが粒子の飛跡の痕跡として見えることを利用するものである。この種の検出器で最初のものは、一九一一年にスコットランド人物理学者のチャールズ・ウィルソンによって発明された。ウィルソンの「霧箱」は、粒子が霧箱中に残したイオンのまわりの水蒸気を凝縮させることによって、飛跡を見えるようにしたものだ。

霧箱は、一九五〇年代初期には、**泡箱**に取って代わられた。泡箱は米国人物理学者のドナルド・グレーザーによって発明されたが、原理はよく似たものだ。それは沸点近い温度に保たれた液体で満たされたもので、その液体中を荷電粒子が通過すると、やはり飛跡に沿ってイオンと電子の痕跡が残される。そのとき液体にかかる圧力が下げられると、液体は沸騰しようとするが、液体はまず残されたイオンの痕跡に沿って、沸騰し始めるのだ。それらは泡の連なりを形成し、粒子の飛跡が見えるようになるのである。飛跡は写真に撮られ、そして圧力は上げられ、液体がこれ以上沸騰しないようにするのだ。

泡箱の利点は、泡箱内の液体を、加速器からの粒子に対する標的としても使えることである。ほとんどの泡箱は液体水素を用いていたが、プロパンやフレオン（旧式の冷蔵庫に使われた液体）などの重い液体を用いることもできた。

ワインバーグが探し求めた種類の「**ミューオンのない**」事象の唯一の特徴は、検出器の中でハドロンの一群が、一見どこからともなく突然現れるというものであった。しかしこのような不可思議なハドロンの一群として見えるものの中には、他のもっとありふれた要因で説明できるものも多くあった。ミューオンニュートリノが検出器の壁の中の原子に当たって、中性子を削り取って放出し、その中性子が検出器中でばらばらにハドロンを生成することもある。検出器の「上流」で起こった事象が、中性子を生成し、それが検出器の中でハドロンを生成することもある。それから、荷電カレント事象で生成されたミューオンが大角度に散乱された場合、それがまったく検出されない可能性もおおいにある。このようなバックグラウンド事象は、ミューオンのない本物の事象として誤って数えられてしまうかもしれず、その結果、弱い中性カレントとして見間違えてしまうことになるのだ。

実験家たちは、このような探索における問題に対して、きわめて慎重であった。一九六八年一一月にCERNの物理学者たちによって作成された実験優先度のリストでは、W粒子が最優先であったが、弱い中性カレントの探索は八位に甘んじた。「実のところ、一九七三年までは、中性カレントを支持する強い証拠はなく、それに反する証拠はたくさんあったのだ。」とオックスフォード大学の物理学者ドナルド・パーキンスは書いている（出典4）。

しかし、一九七二年の春までには非常に大きな理論的進展があり、中性カレントの探索は最優先事項となっていた。物理学者たちは、確かな答えを出せる方法を考え始めた。

CERNの物理学者ポール・ミュセ、オルセーの加速器研究所から来たアンドレ・ラガリグ、それにドナルド・パーキンスは、大きな国際共同研究グループを率い、それをますます大きくしていった。彼らが用いたのは、重い液体を使った世界最大の泡箱、「ガーガメル」であった。ガーガメルは、フランスの原子力委員会によって資金を供給され、フランスで作られ、一九七〇年にCERNの二六ギガ電子ボルト陽子シンクロトロンのそばに設置された（注6）。ニュートリノを含む衝突を研究するため、特別に設計されたこの検出器は、その建設に六年の歳月を要したのだった。

ガーガメルは、ほぼ一年間運転し、ミューオンのない事象をたくさん輩出したが、たまたま検出器に入ってきた中性子によるバックグラウンド「ノイズ」だとして、すべて棄却されていた。実験家たちは、新たな関心をもって、これらの事象を見直し始めた。

難題は、弱い中性カレントによる本物のミューオンのない事象と、バックグラウンド中性子や大角度ミューオン散乱、そして粒子の誤認によるものとを見分けることであった。それは骨の折れる、あまり報われることのない仕事であった。しかし一九七二年末ごろには、ガーガメルの多くの物理学者は（そのころ、ガーガメルはヨーロッパの七つの研究機関からの物理学者および米国・日本・ロシアからの客員研究者を含む共同研究グループとなっていた）、何かを見つけたと信じ始めていた。だが研究グループ内での意見は分かれた。それは、中性カレント自体が存在するのかどうかというよりも、むしろ彼らの捉えた証拠が十分説得力のあるものかどうかについてだった。

その間、二番目の探索が米国で始まっていた。世界最大の陽子シンクロトロンがシカゴの国立加速器研究所（NAL）で建設され、一九七二年三月には、エネルギーが設計値の二百ギガ電子ボルトにまで到達した(注7)。ハーバード大学のイタリア人物理学者のカルロ・ルビア、ペンシルベニア大学のアルフレッド・マン、ウィスコンシン大学のデヴィッド・クラインは、シンクロトロンでつくられたミューオンニュートリノのビームを使って、ミューオンのない事象を探そうとしていた。CERNチームのほうが先行していたが、彼らの予備報告は確定的ではなかった。野心的なルビアは、先にたどり着こうと決心した。

ミューオンのない事象を見つけるのは簡単だ。それらが弱い中性カレントに起因していることを証明するのが難しいのだ。一九七三年の初めにミュセが新しい予備的データについて発表したときも、華々しいものではなかった。彼らがずっと追い求めていた発見をしたという宣告はなかったのだ。

NALチームには利点があり、巻き返す機会があった。彼らのシンクロトロンのほうがより強力で、短時間のうちにより多くのミューオンニュートリノ散乱事象を発生させることができた。彼らの

（注6）　この泡箱の名前は、フランス・ルネッサンス期の作家フランソワ・ラブレーによる一六世紀の小説『ガルガンチュアとパンタグリュエルの一生』の中の、巨人ガルガンチュアの母親にちなんだものである。

（注7）　この研究所は一九七四年にフェルミ国立加速器研究所（FNAL）と改名された。

検出器も、ガーガメルより大きな標的質量をもっていて、散乱事象を捉える機会がより多いのだ。これらの要因は、バックグラウンド中性子の影響を抑えることには役立ったが、ミューオンが大角度に散乱されて、検出されずに「逃げて行ってしまう」ことに対しては無力であった。ルビアとハーバードの彼のチームは、コンピューターシミュレーションを用いて、この寄与を説明しようとした。そのようにして得た理論的見積りを、実験で測定したミューオンのない事象数から引き算して、本物のミューオンのない事象数を出そうというものだ。

このやり方は妥協の産物としても、信頼度の高いものとは言えなかった。マンとクラインは非常に懐疑的であった。ルビアは、CERNの物理学者たちが多くの証拠を積み上げていると気付いていて、あせっていた(注8)。マンとクラインは、そのようなプレッシャーが物理学者をどれだけ容易に自己欺瞞に導きやすいか、本当によく理解していた。彼らは注意するよう促した。

一九七三年七月、NALの物理学者たちの進展の知らせがCERNに届いた。ルビアがラガリグに手紙を書き、彼らは「約百個の明白な（中性カレント）事象」をためたと主張した(出典5)。続けて彼は、両方のグループがそれぞれの発見を同時に公表するよう提案した。ラガリグは丁重に断った。CERNの物理学者たちは、ミューオンニュートリノと核子の衝突における本物のミューオンのない事象を確認しており、中性カレントと荷電カレントとの事象の比を〇・二一と見積もっていた。反ミューオンニュートリノを含む衝突に関しては、その比は〇・四五であった。そして彼らは、弱い中性カレントがついに発見されたと宣言することを決心し、論文を *Physics Letters* 誌に投稿した。それは九月に出版された。

ＮＡＬグループが得た、ミューオンニュートリノ衝突と反ニュートリノ衝突を合わせた、中性カレントと荷電カレントとの比は〇・二九であり、ＣＥＲＮの結果とよい一致を示していた(注9)。

この重要な局面で、ルビアはハーバードの教授職を得ていたにもかかわらず、ビザが切れ、国外退去の脅威に直面することになった。ボストンの移民帰化局のオフィスにおける不服申し立ての聴取で、ルビアは癇癪を起こした。二四時間以内に国外へ出る飛行機に、彼は乗っていた。

ルビアが場面からはずれ、ＮＡＬの共同研究者たちは逆戻りし始めた。八月に *Physical Review Letters* 誌に投稿した彼らの論文は、ミューオンのない誤った事象を除く問題が正しく扱われていない心配があるとして、専門分野の査読者に却下されたのだ。そこでクラインとマンは、何とかして問題を解決することを目指し、彼らの検出器をつくり直したのだった。

本物のミューオンのない事象は、すぐに消えてしまった。中性カレントと荷電カレントとの事象の比が〇・〇五にまで下がったのだ。ＮＡＬの物理学者たちは、以前の自分たちの結果によって惑わさ

（注8）　ＣＥＲＮの物理学者たちもこのころまでには、ガーガメルで以前撮った写真の中から、「疑いようもない」弱い中性カレント事象を一つ見つけていた。これは反ミューオンニュートリノが電子と相互作用したもので、非常にまれな反応ではあるが、バックグラウンドの混入の恐れはないのだ。それは明白な証拠であった。しかしまだたった一枚の写真だけだった。結局のところ、ほぼ百五十万枚の写真を調べてみた結果は、このような事象はたった三例見つかっただけであった。

（注9）　ＮＡＬ実験のミューオンニュートリノと反ニュートリノの比は約二対一であった。ＣＥＲＮのミューオンニュートリノと反ニュートリノの比の加重平均をとると〇・二九になる。

れていたのだと確信した。
ルビアはＣＥＲＮでも卓越した人物であった。彼は問題を巻き起こそうと決心した。彼はＣＥＲＮ所長のヴィリバルト・イェンチュケに、ガーガメル共同研究グループは大きな間違いをしていると忠告した。まだＣＥＲＮは、より名声ある競争相手の米国の影に完全に隠れた存在であり、しかもその国際的信用は以前の間違いによる挫折で傷ついていた。ヨーロッパの多くの物理学者は、ガーガメルの結果が間違っているに違いないと思うようになった。ＣＥＲＮのある古参物理学者は、その結果が間違っているほうに、彼のワインセラー半分のワインを賭けた。ＣＥＲＮの信用がもう一つの打撃で傷つくという考えに恐れをなしたイェンチュケは、ガーガメルの物理学者たちを会合に呼び出した。それはあたかも審問のようであった。
しかし、ガーガメルの物理学者たちは事の成り行きに動揺はしたものの、意志は堅固であった。彼らは自分たちの結論を曲げないことを選んだ。「われわれのグループは事象解析を何度も徹底的にやりとりしたパーキンスは、自信のほどを伝えた。ＣＥＲＮのエレベーターの中で偶然イェンチュケに出くわしたパーキンスは、自信のほどを伝えた。「われわれのグループは事象解析を何度も徹底的にやり、観測された効果を他の何かで説明できないか、ほぼ一年間集中的に探し、それが見つからなかったことを私は知っていた。」パーキンスは説明した。「だから私はその結果はまったく揺るぎないものと思った。そして（イェンチュケは）大西洋の反対側からの噂など無視すべきだと。私の言ったことが彼を安心させたかどうかはわからないが、彼は顔に笑みを浮かべてエレベーターを出て行ったよ。」（出典６）
ルビアは一一月初めにＮＡＬに戻った。ＮＡＬの物理学者たちは彼と共に、かなり異なった論文原稿を書き始めた。それは、最近のＣＥＲＮからの報告や電弱理論の予測とは正反対に、弱い中性カレントは見つからなかったと主張するものだった。

それに続いたのは、かなり間の悪い方向転換であった。一九七三年一二月中ごろまでにはＮＡＬの物理学者たちは、他のニュートリノ衝突から忍び込んだパイ中間子が彼らの検出器内でミューオンとして間違って同定されることに気が付いた。この効果は、ミューオンのない事象の数を事実上削っていたのだ。弱い中性カレントは復活した。もはやクラインは、「ミューオンのない信号が約十パーセントもデータの中から現れてきている明確な可能性」を認めざるをえなかった（出典７）。彼はこれらの事象をどのようにしても消すことはできなかったのだ。ＮＡＬのチームは、彼らの最初の論文に適当な修正を加えて、再投稿することを決めた。それは一九七四年四月に *Physical Review Letters* 誌で発表された。

物理学コミュニティではこの発見をさして、「見え隠れする中性カレント」と冗談交じりにささやかれた。

一九七四年の中ごろまでには、他の研究所でこの結果が確認され、混乱は解消した。弱い中性カレントは、確立された実験的事実となったのだ。

しかし、この発見が意味することは、さらに大きな重要性をもっていた。弱い中性カレントは、弱い力を媒介する役目の「重い光子」の存在を指し示した。そして、もしストレンジ粒子の崩壊で中性カレントが見つからないとすると、それはＧＩＭ機構によって抑制されているからに違いないのだ。

言い換えれば、四番目のクォークもあるはずなのだ。

第七章　それはWに違いない

量子色力学が定式化され、チャームクォークが発見され、そしてW粒子とZ粒子が、まさに予言通り見つけられたこと

ジグソーパズルのピースは、いまやもうぴったりと収まった。核子の中で自由に動き回っている点状粒子の存在の謎は、SLAC（スタンフォード線形加速器センター）の深非弾性散乱の実験で明らかにされ、まったく謎ではなくなっていた。それはかなり直観に反したものであったが、強い核力の性質からの直接的な帰結であった。

二つの粒子の間に働く力によって支配される相互作用の性質について想像するとき、われわれはよく重力や電磁力のような例を考えて、粒子が互いに近づくにつれて力はだんだん大きくなってゆくと思うだろう(注1)。しかし強い核力は、このようにはふるまわない。この力は**漸近的自由性**として知られる性質を表すのだ。二つの**クォーク**の間隔がゼロに近づく限界では、粒子はまったく力を感じなく

（注1）　あなたが子供のころ、二本の棒磁石のN極同士を押しつけようとした経験を思い出してほしい。磁石を互いに近づけようと押しつけたとき、あなたが感じた抵抗力は大きくなったことだろう。

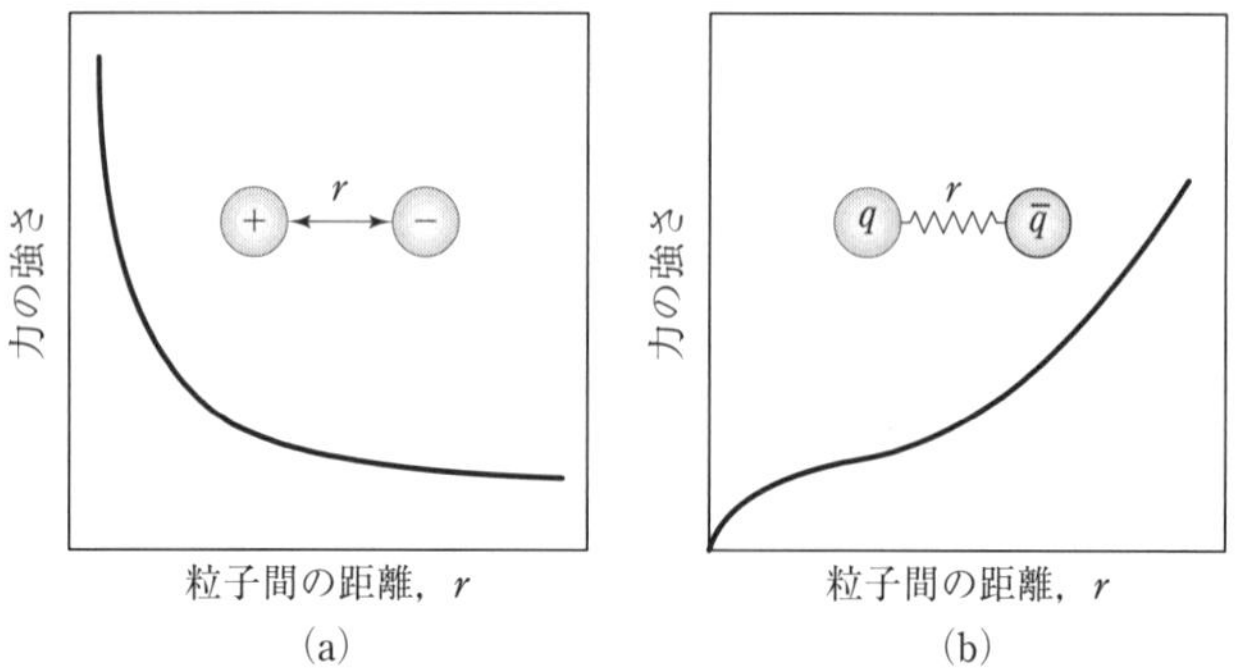

図 17　(a) 二つの電気的に荷電した粒子の間の電磁気的引力は，粒子が互いに近づくにつれて増大する．(b) しかしハドロンの中でクォークを結び付けているカラー力は，かなり異なったふるまいをする．たとえば，クォークと反クォークの間の距離が 0 に近づくと，力は 0 になってしまう．互いに離れれば，力は増大する．

なり、完全に「自由」になるのだ。しかし、クォーク間の距離が核子の境界を越えて大きくなろうとすると、強い力はその力を一層強め、クォーク同士を押さえとどめるのである。

これは、クォークが強いゴムひもの端にしっかりと固定されているようなものだ。クォークが核子の中で互いに近づいているとき、ゴムひもは緩んだ状態で、クォーク間にはほとんど、あるいはまったく力が働かない。力が働くのは、クォーク同士を引き離そうとして、ゴムひもが伸びたときだけなのである（図17を参照）。

一九七二年の後半にプリンストンの理論家デヴィッド・グロスは、量子場理論において漸近的自由性はまったく不可能であることを示そうとした。彼の学生のフランク・ウィルチェックの助けを借りて証明できたのは、意に反して正反対の事柄だった。局所的ゲージ対称性に基づいた量子場理論は、漸近的自由性を満たすことができるのである。デヴィッド・ポリツァーというハーバードの若い大学院生も、独立に同じ発見をした。彼らの論文は、*Physical Review Letters* 誌の一九七三年六月号に並んで発表された(注2)。

その年の六月ゲルマンは、グロス－ウィルチェックとポリツァーの論文の前刷りを携えて、再びアスペンセンターに引きこもった。それに合流したのがフリッチと、カルテックに研究休暇で来ていたベルン大学のスイス人理論家のハインリッヒ・ロイトヴィラーであった。彼らは共同で、**カラー荷**をもつ三個のクォークと、カラー荷をもち質量のない八個の**グルーオン**の、ヤン－ミルズ量子場理論を構築した(注3)。漸近的自由性を説明するためには、グルーオンにカラー荷をもたせることが必要になるのだ。ヒッグス機構に似たトリックは必要なかった。

その新しい理論には名前が必要だった。一九七三年にゲルマンとフリッチは、それを量子ハドロン力学とよんでいたが、次の夏にゲルマンはもっとよい名前を考え出したと思った。「その理論は多くの長所をもっており、知られている欠点はまったくなかった。」と彼は説明した。「その次の夏の間ア

(注2)　実際のところトホーフトは、ヤン－ミルズゲージ理論が直観に反したふるまいを示しうるという結論をすでに導き出していたが、彼は当時くりこみについての研究で忙しくしていて、徹底的に追及できなかったのだ。

(注3)　質量のないグルーオンと聞くと、強い力の媒介粒子は大きくて重い粒子であるとした、ハイゼンベルクと湯川の主張とは矛盾しているように思うだろうか？　だがそれは、もし強い力が重力や電磁気のようだったと仮定した場合の条件なのだ。しかし実はそうではない。漸近的に自由なカラー力は、質量のない粒子によって非常にうまく媒介されるのだ。クォークのように、グルーオンはハドロン内部に閉込められている。それが、光子のようにいたるところにあるのではないという理由なのだ。

スペンにいるとき、その理論に**量子色力学**、あるいは**QCD**、という名前を考案した。そしてハインツ・ペイゲルスや他の人たちにそれを使うよう勧めたのだ。」(出典1)

強い力と電弱力の理論を、単一のSU(3)×SU(2)×U(1)構造の形に組合わせた、大きな統合がついに手に入ったように思われた。

しかし漸近的自由性は、なぜクォークがハドロン内部で非常に弱く相互作用しているかを説明することはできたが、なぜクォークが閉込められているのかは説明できなかった。さまざまな想像力に富んだモデルが考案された。その一例としては、クォークを取囲むグルーオン場が、クォーク同士の間でその距離が大きくなると、カラー荷の細いチューブ、あるいは「ひも」のような形になると考えるモデルがある。クォーク同士が引き離されるとき、ひもは最初ぴんと張られ、それから引き伸ばされ、さらにクォークが離れるに従って、ひもの伸びに対する抵抗力も増大する。

ついには、クォーク-反クォーク対を真空から自発的につくり出せるエネルギーに達し、ひもは切れる。そしてたとえば、クォークを核子の中から引っ張り出すときは必ず反クォークがつくられ、それらが直ちに対となって**メソン**を形づくる。そのとき反クォークと同時につくられたクォークは、核子の中に落ち込んでゆく。最終的な結果としては、エネルギーはメソンの自発的生成に使われ、個々のクォークが観測されることはない。クォークは、絶対的に閉込められているという訳ではないが、単独で見えることは決してないのだ(注4)。

孤立している、あるいは「裸の」カラー荷の代価を、エネルギーという点から見ると、それは莫大なものである。原理的に、一つの孤立したクォークのエネルギーは無限大である。クォークは、そのカラー荷を覆い隠そうとして、速やかにグルーオンの覆いをまとい、エネルギーは増大する。エネルギーをずっと低く抑えるには、同種のカラーをもつ反クォークと対になるか、あるいは異なるカラーをもつ他の二つのクォークと一緒になるかのいずれかによって、カラー荷を覆い隠すことが安価な方法なのである。この結果生じた粒子は、正味のカラー荷0をもち、「白色」となる。

しかし、クォークのカラー荷を完全に覆い隠すことはできない。これをするには、クォーク同士をどうにかしてぴったりと一致するように重ねる必要がある。しかしクォークは電子のように、粒子の性質と同時に、波の性質ももっている量子的な粒子なのだ。ハイゼンベルクの不確定性原理によれば、このようにクォークを一箇所に束縛しておくことは、その運動量が無限大の不確定さをもつことになる。これは無限大の運動量の可能性を意味し、高くつくことになってしまうのだ。

自然は妥協によって解決されるものだ。カラー荷を完全に覆い隠すことはできないが、グルーオン場に伴って現れるエネルギーを、制御可能な割合にまで落とすことは可能なのだ。アップクォークとダウンクォークの（仮想的な）質量はそれぞれ、一・五〜三・三メガ電子ボルトの間、および三・五〜六・〇メガ電子ボルトの間にあることが知られている(注5)。陽子の質量は九三八メガ電子ボルトと測定されており、中性子の質量も約九四〇メガ電子ボルトである。二つのアップクォークと

（注4）　これと似たような説明は多彩にあるが、どれも推論の域を出ない。閉込めは、今日に至るまでＱＣＤにおける未解決の問題として残されている。

（注5）　これらのクォーク質量のデータは、C. Amsler *et al.*, *Physics Letters B*, **667**, p.1 (2008) からとった。

一つのダウンクォークの合計質量は六・五〜一二・六メガ電子ボルト程度だ。それでは陽子質量の残りはどこから来ているのだろう? それは陽子内部の**グルーオン場**のエネルギーから来ているのである。「物体の慣性は、それがもっているエネルギーによるのだろうか?」この一九〇五年のアインシュタインの問いに対する答えはイエスである。陽子や中性子の質量の約九九パーセントは、クォーク同士をつなぎ止めている質量のないグルーオンのエネルギーが担っているのだ。「物質の最も基本的な性質であり、変化に対する抵抗あるいは動きにくさを表すもののように思われた質量は、結局のところ、対称性と不確定性とエネルギーの相互関係を反映したものであることがわかったのだ。」とウィルチェックは書いた(出典2)。

一九七四年の八月、グラショーはブルックヘブンを訪れた。**チャームクォーク**を探す実験をもう一度促すためだ。それを聴いていたのが、米国人物理学者のサミュエル・ティンであった。彼は三〇ギガ電子ボルトの強集束シンクロトロン(AGS)を用いて、高エネルギー陽子-陽子衝突の研究を行い、たくさんのハドロンの中から出てくる電子-陽電子対を注意深く調べる準備をしていた。

電子-陽電子対のデータが三ギガ電子ボルト付近のエネルギーに積み上がり、狭い「共鳴状態」の様相を現してきたとき、実験家たちはこれをどう考えてよいか定かでなかった。彼らは明らかな間違いの原因を除こうとし、彼らの解析を再検査した。それでも結果は変わらなかった。ピークは三・一ギガ電子ボルトのところにじっと残ったままであり、手に負えないほど狭いままだった。彼らは、これは新物理ではないかと思い始めた。

ティンは慎重であった。彼は、他の物理学者たちの実験の誤りを指摘することで高い評判を得ており、自分自身が犠牲者となって同じ扱いを受けることは避けたかった。彼は圧力に抗して、データを再確認する機会ができるまで、結果を公表しないことにした。

そうしている間、西海岸ではスタンフォード大学のロイ・シュウィッターズが問題を抱えていた。加速された電子と陽電子を衝突させるために用いられるスタンフォード陽電子電子非対称リング（SPEAR）は、一九七三年の中ごろにSLACで動き出していた。シュウィッターズは、SPEAR実験からのデータ解析に使われるコンピュータープログラムの一つに誤りがあることを見つけたのだ。彼はそれを直し、一九七四年六月に行われた実験のデータを再解析した。すると三・一ギガ電子ボルトと四・二ギガ電子ボルトに小さなこぶのような構造の兆候が現れたのだ。計画責任者であった米国人物理学者のバートン・リヒターもやがて、衝突エネルギーを三・一ギガ電子ボルト付近に戻して調べ直せるよう、SPEARを再構成することに合意した。

一九七四年の一一月には、ブルックヘブンのティンのグループとSLACのリヒターのグループのどちらも同じ新粒子を発見したことが明らかになっていた。チャームクォークと反チャームクォークからなるメソンが発見されたのだ。ティンのグループはその粒子をJ粒子とよぶことに決めた。リヒターのグループはそれをψ（プサイ）とよんだ。この共同の発見は、後に「11月革命」とよばれるようになった。

その後、優先権をめぐっていささかの軋轢が生じた。どちらのグループも、この粒子に名前をつける優先権をもう一方のグループに与えようとはしなかったのだ。そしてこの粒子は、今日に至るまで、まだ**J／ψ**とよばれている。ティンとリヒターは、一九七六年度のノーベル物理学賞を分けあった。

J／ψの発見は、理論物理と実験物理の勝利であった。この発見のお陰で、基本的な粒子の構造がきれいになり、それが土台となって、素粒子の**標準モデル**が急速に出来上がっていったのである。

この時点で、基本的粒子の**世代**は二つあった。それぞれの世代には、二つのレプトンと二つのクォークがある。電子、電子ニュートリノ、アップクォーク、ダウンクォークが**第一世代**を構成する。ミューオン、ミューオンニュートリノ、ストレンジクォーク、チャームクォークが**第二世代**を構成する。第二世代の粒子は第一世代の粒子と比べて大きな質量をもっている。それからこれらの粒子の間で力を媒介する役目の粒子もある。光子は電磁力を媒介し、W粒子とZ粒子は弱い核力を、そしてカラー荷をもった八個のグルーオンは強い核力、すなわちカラー荷をもったクォークの間に働くカラー力を媒介する。

しかし一九七七年の春までに、電子の仲間でミューオンよりさらに重い**タウレプトン**に対する圧倒的な証拠が蓄積された。これは物理学者たちが本当に耳にしたいことではなかった。

タウレプトンがあるなら**タウニュートリノ**もあるはずである。そして必然的に、実際**第三世代**のレプトンとクォークが存在するだろうという推測が高まってきた。一九七七年八月に、米国人物理学者

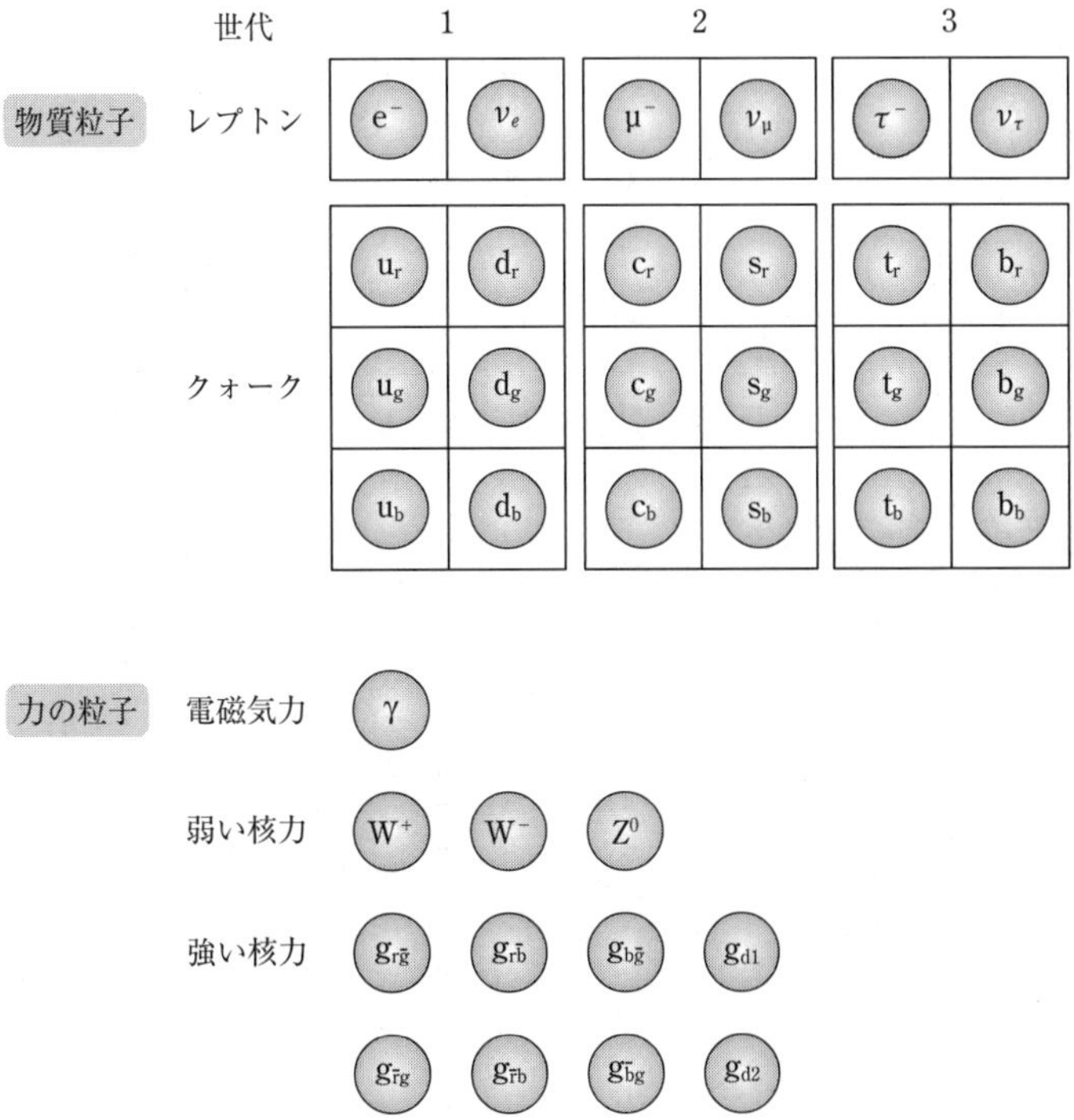

図18　素粒子物理の標準モデルは，3世代の物質粒子の相互作用を，3種類の力を通して記述する．力は場の粒子，あるいは“力の媒介粒子”を介して働くのである．

のレオン・レーダーマンがフェルミ研究所でウプシロン（Υ）を発見した。これは、このころまでに**ボトムクォーク**として知られるようになっていたものと、その反クォークからなるメソンである。ボトムクォークは、電荷が$-\frac{1}{3}$の第三世代クォークである。同種のダウンクォークやストレンジクォークより重く、約四・二ギガ電子ボルトの質量をもっている。第三世代の最後のメンバーとなる**トップクォーク**はさらに重く、その生成に必要な衝突エネルギーが出せるコライダーを作ることができれば、直ちに発見されるだろう。

いささか思いがけない出現ではあったが、第三世代のレプトンとクォークはうまく標準モデルに収まった（図18を参照）。一九七九年八月にフェルミ研究所で開催されたシンポジウムにおいて、電子–陽電子対消滅実験で生成されたクォークとグルーオンが「ジェット」となって現れた証拠が示された。これらは、クォークと反クォークがつくられ、そのどちらかから大きなエネルギーのグルーオンも「解放され」、それぞれが多数のハドロンのスプレーのようになって元の方向に飛び出す現象だ。クォークやグルーオンそのものを見ることはできないが、このような「三ジェット事象」がそれらの存在の証しとなる最も著しい証拠なのである。

トップクォークはまだ見つかっておらず、弱い力を媒介する**W粒子**と**Z粒子**の直接的証拠もまだだった。グラショー、ワインバーグ、サラムは、電弱統一における彼らの業績により、一九七九年度のノーベル物理学賞を受賞するという知らせを受けた。それは標準モデルが新しい正統的なものとして認められていたからである。

次なる競争は、標準モデルの粒子の組を完成させるため、まだ残っている粒子を発見することであった。ワインバーグはノーベル賞講演で、電弱統一理論はＷ粒子とＺ粒子の質量をそれぞれ約八三ギガ電子ボルト、九四ギガ電子ボルトと予言する、と説明した（注６）。

一九七六年六月にさかのぼると、そのときＣＥＲＮではスーパー陽子シンクロトロン（ＳＰＳ）が稼働し始めた。これは周長六・九キロメートルの陽子加速器で、四〇〇ギガ電子ボルトまでの粒子エネルギーを出すことができる。その一カ月前、フェルミ研究所の陽子加速器は、すでにＳＰＳを超える五〇〇ギガ電子ボルトを達成していた。しかし粒子を固定標的にぶつけるのは、かなりの無駄が生じる。それはエネルギーが跳ね飛ばされる粒子によって持ち去られてしまうからだ。この種の実験方法では、新粒子の生成に有効に使われるエネルギーは、ビーム粒子のエネルギーの平方根でしか上がっていかない。

これは、ＳＰＳやフェルミ研究所の加速器で得られるエネルギーにまで加速された粒子による衝突でも、ずっと低いエネルギーの新粒子しか生成できないことを意味した。予言されたＷ粒子やＺ粒子を生成できるエネルギーに到達するには、これまでに作られたことのない、はるかに大きな加速器を必要とした。

一つの代案があった。加速された二つの粒子ビームを衝突させるアイデアは、一九五〇年代に開発された。加速した粒子を二つの連結した貯蔵リングに入射し、互いに反対方向に回るビームをつくるとすると、これらのビームを正面衝突させることができる。そして加速された粒子のすべてのエネル

（注６）　陽子の質量を九三八メガ電子ボルトとして、これらは陽子質量に対してそれぞれ約八八倍、百倍に対応する。

ギーを、新粒子の生成のために使うことができるのだ。

このような粒子コライダーは、一九七〇年代に初めて作られた。ＳＰＥＡＲは初期の例の一つであったが、それはレプトン（電子と陽電子）の正面衝突を用いたものだった。一九七一年にＣＥＲＮは交差型貯蔵リング（ＩＳＲ）の建設を完成させた。これはハドロン（陽子－陽子）コライダーで、二六ギガ電子ボルト陽子シンクロトロンを加速陽子源として用いるものであった。陽子は最初シンクロトロンで加速され、ＩＳＲに入射される。そこで陽子同士が衝突させられるのだ。しかし、ピーク衝突エネルギーが五二ギガ電子ボルトでは、Ｗ粒子やＺ粒子に到達するにはまだ不十分だった。

一九七六年四月、次期大型建設計画について報告するため、ＣＥＲＮで研究会が開かれた。これが大型電子陽電子（ＬＥＰ）コライダーとよばれる計画で、ジュネーブ近くのスイス－フランス国境の地下を通る二七キロメートルの円形トンネルの中に建設される予定であった。前段加速器としてＳＰＳを用い、電子と陽電子を光速近くにまで加速してから、衝突リングに入射する。粒子（この場合は電子）と反粒子（陽電子）は、一本のリングの中を反対向きに回り、衝突する。初期の設計エネルギー値は、それぞれの粒子ビームに対し四五ギガ電子ボルトであった。これらを合わせると、九〇ギガ電子ボルトの正面衝突エネルギーをつくり出すことができ、ＬＥＰがちょうどＺ粒子（訳注１）に届くようにできるのだ。

フェルミ研究所所長の米国人物理学者ロバート・ウィルソンは、よりいっそう壮大な展望を描いていた。彼は一テラ電子ボルト（すなわち一兆電子ボルト）に達する衝突エネルギーを出せるハドロンコライダーを建設したいと思った。これはやがて「テバトロン」として知られるようになる。このようなコライダーは、粒子を加速するために、これまで経験もなく、試されてもいないような超伝導マグネットを必要とした。それは提案以上のものではなかった。

一九七六年に高エネルギー素粒子物理学者たちが直面していた状況は、このようなものだったのである。CERNのSPSでは粒子を四〇〇ギガ電子ボルトまで加速でき、ISRでは衝突エネルギーが五二ギガ電子ボルトにまで達していた。しかしどちらもW粒子やZ粒子を発見するには十分でなかった。LEPは原理的にはそれらを発見することができるものであるが、この加速器は建設に一九八九年までの歳月が必要であった。フェルミ研究所の主リングは、粒子を五〇〇ギガ電子ボルトまで加速できたが、やはりまだW粒子やZ粒子を発見するには十分でなかった。テバトロンは、理論的には衝突エネルギー一テラ電子ボルトに到達できたが、製図板上のものであった。

物理学者たちは、待つという忍耐を持ち合わせていなかった。「W粒子やZ粒子を発見しようというプレッシャーは非常に大きかった。」CERNの物理学者ピエール・ダリウラは回想した。「LEP計画の設計、開発、建設にかかる長い時間は、われわれのほとんどが、そしてわれわれの中の最も忍耐強い人でさえ、不満足であった。新しいボソンを早く（そしてできればきれいに）見ることが強く望まれたのだ(出典3)。」忍耐はフェルミ研究所の物理学者たちの間でも限界に来ていた。

大西洋の両側で物理学者たちがしなければならなかったことは、どのようにして彼らの既存施設を、

（訳注1）　Z粒子は中性なので、電子－陽電子衝突で単独に生成できる。しかしW粒子は電荷をもっているため、対でつくらなければならず（$e^+e^- \rightarrow W^+W^-$）、最低でも一六〇ギガ電子ボルトの衝突エネルギーが必要になる。

最も重要なエネルギー領域にまで届くようにできるか、考えることであった。

一つの可能な解決策は一九六〇年代後半に出ていた。それは、加速器を**ハドロンコライダー**に転換する、原理的には可能な方法であった。陽子と反陽子のビームをつくり、それらを加速器のリングに入れて、互いに反対向きに回す。それでビームを正面衝突させようというものだ。陽子-陽子コライダーは、交差する二本のリングを必要とする。陽子がそれぞれのリング内を逆方向に走るのだ。しかし陽子-反陽子の衝突は、一つのリング内でできるよう設計することができる。そして衝突エネルギーを、加速器の最高エネルギーの二倍の値にすることができるのである。

しかしそれは容易なことではない。**反陽子**は、高エネルギーの陽子を（銅などの）固定標的にぶつけることによってつくり出される。一個の反陽子をつくるのに、このような陽子衝突が百万回も必要となる。さらに悪いことには、生成される反陽子のエネルギーが広い範囲に分布しており、それが広過ぎて貯蔵リングの中にうまく収まらないのだ。そのようにつくられた反陽子のごく一部だけがリングに「適合」して入ることになるので、反陽子ビームの強度は非常に低くなり、その結果、ビーム同士の衝突数の基準となるルミノシティも下がってしまうのである。

反陽子ビームの強度を十分強くして、**陽子-反陽子コライダー実験**を成功させるには、反陽子のエネルギーをどうにかして集めて、望ましいビームエネルギー付近に集中させる必要がある。

幸運にも、まさにこのやり方が、オランダ人物理学者のシモン・ファンデルメールによって考案されたのである。ファンデルメールは一九五二年にデルフト工科大学工学部を卒業した。オランダの電子機器会社フィリップスで数年間働いた後、一九五六年にCERNに着任した。彼はCERNで加速器の理論家となり、主として粒子加速器やコライダーの設計と運転に対し、理論的原理を実用的に応用する研究に携わった。

ファンデルメールは一九六八年にISRを用いて、ある推論による実験を行った。しかし彼がその実験で見つけたことを、内部レポートで発表したのは四年後であった。その遅れの理由は単純なもので、彼が追究していた物理が、ばかげたような漠然としたものだったからだ。彼はそのレポートに書いた。「このアイデアは、その時点ではとうていありそうもなさ過ぎて、発表を正当化できなかった。」(出典4)

彼の一九六八年の実験は、反陽子を初めのエネルギーの広がった状態から、貯蔵リングに収めるのに必要な程度に、十分狭いエネルギー範囲に集められる可能性をまさに示唆していた。それに用いた手法は、「ピックアップ」電極を用いて望ましいビームエネルギーから離れたエネルギーをもつ反陽子を検知し、リングの反対側にある「キッカー」電極に信号を送り、これらの粒子を一列に並ぶように押し戻す、というものだ。ピックアップ電極からキッカー電極に送られる信号は、羊飼いが羊の番犬に笛で合図する指示のようなものだ。指示を受取った犬は吠えて、迷い出た羊を列に戻し、羊の群れがまとまって囲いの中に入るよう誘導する。

ファンデルメールはその手法を**確率冷却法**と名付けた。確率という言葉は単に「ランダム」であることを意味している。冷却はビームの温度のことではなく、ランダムな運動、すなわちビームに含まれる粒子のエネルギーの広がりのことを言っている。この過程を何百万回も繰返すことによって、ビームは徐々に望ましいビームエネルギーに収束してゆく。一九七四年にファンデルメールは、ISRを用いて確率冷却法の試験をさらにいくつか行った。結果は十分なものではなかったが、原理が働いていることを示すには十分であった。

その間カルロ・ルビアは、弱い中性カレントの発見でCERNの物理学者たちに打ち負かされた失望を打ち捨てていた。ルビアは一九五九年にイタリア、ピサのスクオーラ・ノルマルで博士号を取得した。コロンビア大学でミューオン物理に関する研究を行った後、一九六一年にCERNに着任した。一九七〇年にハーバード大学の教授となり、一年のうち一学期はハーバードに滞在し、残りはCERNに戻っていた。彼はいつも世界中を飛び回っていたので、ハーバードの彼の学生たちから「アリタリア教授」というニックネームでよばれる栄誉を授かった。

ルビアは、頑固で、一本気で、野心的でもあり、そして一緒に働きづらいという悪名も高かった(注7)。彼は、W粒子とZ粒子の発見では、打ち負かされまいと決心した。

ルビアは一九七六年の中ごろ、ハーバードの同僚たちと一緒に、ウィルソンに提案書を提出した。それはフェルミ研究所の五〇〇ギガ電子ボルト陽子シンクロトロンを陽子-反陽子コライダーに転換しようというものだった。ウィルソンは却下した。それよりもテバトロンに対する支持を獲得することに、彼は全力を尽くしたかったのだ。確率冷却法の技術は、まだ遠い先の話のように思われた。もしそれがうまく働かなかった場合、シンクロトロンのために使われる貴重な時間が失われることになるのだ。ウィルソンが同意したのは、その技術が働くかどうかを知るための、小規模の加速器を用いた五〇万ドルの実験であった。

ルビアは、そのまま提案書を持ってCERNへ戻り、提出した。当時CERNの所長であったレオン・ファンホーブは、それを非常に好意的に受入れた。一九七八年の六月までに、CERNでさらに確率冷却法の試験が行われ、非常に有望な結果が得られた。ファンホーブは、一か八かやってみる覚悟をした。それまで何年にもわたって米国の施設が独占していた業績である新粒子の発見を、CERNでできる好機が訪れたのだ。それに、もしファンホーブが同意しなかったとすると、ルビアは二月にウィルソンが辞めた後フェルミ研究所の所長を引き継いだレオン・レーダーマンのところへきっと戻って行っただろう(注8)。「恐らくは、もしCERNがカルロ（ルビア）のアイデアを買っていなかったら、彼はフェルミ研究所にそれを売り付けていただろう。」とダリウラは説明した(出典5)。ルビアは物理学者たちの共同研究チームをつくるゴーサインをもらい、W粒子やZ粒子を発見するのに必要となる精巧な検出装置の設計にとりかかった。その装置はSPSリング上の大きく掘り抜か

（注7）　マルティヌス・フェルトマンがルビアについて書いている。「彼がCERNの所長だったとき、秘書を三週間に一人の割合で変えた。これは、第二次世界大戦の潜水艦や駆逐艦の船員の平均生存時間より短いものだ…。」参考文献33、Veltman の七四ページを参照。

（注8）　ウィルソンはフェルミ研究所の資金調達の問題に陥り、失望して辞職した。結局のところレーダーマンは、一九七八年一一月の選択肢に関する徹底的な評価の後、既存施設を陽子-反陽子コライダーとして使用することに伴うリスクは大き過ぎると判断した。彼は、ファンホーブがしたような賭けに出ることはせず、テバトロンの資金確保のための新たな努力のほうに重点を置くことにしたのだ。

れた場所に建設される予定だったので、この共同研究チームは地下エリア1、もしくはUA1とよばれた。このチームは次第に大きくなり、約一三〇名の物理学者を含むまでになっていった。

ルビアの研究チームをつくる決定がなされてから六カ月後、ダリウラをリーダーとする、二つ目の独立な共同研究チーム、UA2が組織された。この研究チームは約五〇名の物理学者からなる比較的小さなグループで、UA1と友好的な競争関係をもつよう意図された。UA2検出装置は、精巧さという点で多少見劣りはしたが（たとえばミューオンを検出することはできなかった）、それでもUA1の発見を確実にするための補強証拠を提供するには十分なものであった。

エネルギー二七〇ギガ電子ボルトの陽子ビームと反陽子ビームがSPSの中で衝突して、五四〇ギガ電子ボルトの全エネルギーを生ずる。これはW粒子やZ粒子が姿を現すのに必要なエネルギーを十分超えるものだった。

多少の遅れはあったが、一九八二年十月にUA1とUA2はついにデータを取り始めた。W粒子やZ粒子が生成される衝突は非常にまれな現象と予想されるので、どちらの検出装置も前もって設定された基準を満たす衝突だけを選んでデータを取得するようにセットされた。コライダーは、毎秒数千回の衝突を二カ月の期間にわたって生じさせる。そのうちWやZが生成される事象はほんのひとつかみしかない。

検出装置は、高エネルギーの電子ないしは陽電子がビーム方向に対して大角度に飛び出してくる事象を同定するよう設定された。Ｗの質量の約半分までのエネルギーをもつ電子が、W^-粒子の崩壊した信号なのだ。同様に、高エネルギーの陽電子はW^+粒子の崩壊した信号だ。測定されたエネルギーの不均衡さ（衝突前の粒子エネルギーと衝突から出てくる粒子エネルギーの差）は、反ニュートリノまたはニュートリノが付随して生成された信号となる。それはニュートリノ（と反ニュートリノ）は直接検出できないからだ。

一九八三年一月上旬にローマで開かれた研究会で、最初の結果が発表された。いつになく緊張した様子のルビアが発表をした。観測された数十億回の衝突の中から、ＵＡ１はＷ粒子崩壊の候補となる事象を六つ同定した。ＵＡ２の候補事象は四つだ。いくぶん暫定的なものではあったが、ルビアは確信した。「これらの事象はＷのように見える、Ｗのような匂いがする。それはＷに違いない（出典６）。」レーダーマンは「彼の講演は素晴らしかった。彼はすべての材料をもっており、それらを情熱的な論理で見せる演出の手腕ももっていた。」と書いた（出典７）。

一九八三年一月二〇日、ＣＥＲＮの物理学者たちで埋めつくされた講堂で二つのセミナーが行われた。一つはＵＡ１のルビアによるもの、もう一つはＵＡ２のルイジ・ディレッラによるものであった。一月二五日には記者会見が行われた。ＵＡ２共同研究チームは、判断を留保したが、それも一時のものであった。Ｗ粒子は、予想された八〇ギガ電子ボルトのエネルギー付近で、発見されたのだ。

一九八三年六月一日、ＵＡ１は約九五ギガ電子ボルトの質量をもつZ^0粒子の発見を発表した。これは観測された五つの事象に基づくものだ。四つは電子－陽電子対の生成を含み、一つはミューオン対の生成を含んでいた。ＵＡ２共同研究チームは、このときまでに数個の候補事象を集めていたが、さらに実験を続け、その結果を待って発表することにした。結局ＵＡ２は、電子－陽電子対の生成を含む八つの事象を報告した。

一九八三年末までにＵＡ１とＵＡ２は、合わせて約百個の$W^{\pm}$事象と十数個のZ^{0}事象を記録し、それぞれの質量が約八一ギガ電子ボルトと九三ギガ電子ボルトであることを明らかにした。ルビアとファンデルメールは、一九八四年度ノーベル物理学賞を分かち合った。

それは長い旅であった。その始まりは、おそらく一九五四年のヤンとミルズによる強い力のＳＵ(2)量子場理論に関する研究であったと言えるだろう。この理論は、質量のないボソンを予言し、パウリを非常に苛立たせた。シュウィンガーは弱い核力が三つの場の粒子によって媒介されると推測し、その後彼の学生のグラショーがこれらの粒子を含むＳＵ(2)ヤン－ミルズ場の理論に到達した。

一九六四年の**ヒッグス機構**の発見は、この種の質量のないボソンにどのようにして質量をもたせるかを明らかにした。一九六七年から一九六八年にかけてワインバーグとサラムはさらに一歩進め、ヒッグス機構を電弱対称性の破れに応用した。その結果得られた理論がくりこみ可能となっていることは一九七一年に示された。そしていまや弱い力の媒介粒子が、まさに予測されたところに見つけられたのだ。

まさしくＷ粒子とＺ粒子が予測された質量に存在したことは、ＳＵ(2)×Ｕ(1)電弱理論が基本的に正しかったという動かぬ証拠を提供したとも言える。そしてもしこの理論が正しいのなら、くまなく充満するエネルギー場（ヒッグス場）との相互作用が弱い力の媒介粒子に質量を与える役割を担っているはずだ。そしてもしヒッグス場が存在するのなら、ヒッグス粒子も存在するはずだ。

　しかしヒッグス粒子を見つけるには、さらに大きなコライダーを必要とした。

第八章　深く投げろ

ロナルド・レーガンが彼の影響力を使って超伝導スーパーコライダーを支援し、しかし六年後、議会によって計画が中止された後、残ったのはテキサスの穴だけだったこと

物理学者たちが電弱統一の経験から学んだことは、より大きな問題に対して再び応用できるものだった。電弱理論は、ビッグバン直後に、宇宙の温度が非常に高く、弱い核力と電磁力の区別がつかない時期があったことを示唆した。その代わりにあったのは、質量のないボソンによって媒介される単一の**電弱力**だ。

この時期は「電弱時代」として知られている。宇宙が冷えるに従って、背景ヒッグス場が「結晶化」し、電弱力がもつ高いゲージ対称性が壊れた（あるいはより正確に言えば、「隠れた」）。電磁気の質量のないボソン（光子）は妨げられないまま残ったが、弱い力のボソンはヒッグス場と相互作用し、質量を得てW粒子とZ粒子になった。その結果今日では、相互作用の強さと到達範囲という点で、弱い力と電磁力は非常に違って見えるのである。

一九七四年にワインバーグ、米国人理論家のハワード・ジョージ、オーストラリア生まれの物理学者ヘレン・クインは、粒子に働く三つの力はすべて一千億〜一〇京ギガ電子ボルト（10^{11}〜

10^{17} GeV）の間のエネルギーで、相互作用の強さがほぼ等しくなることを示した（注1）。このようなエネルギーは、温度にして約一兆度の一京倍（10^{28}℃）に相当する。ビッグバン後、一秒の約千分の一の一京分の一のさらにそのまた一京分の一（10^{-35}秒）のころ、宇宙のいたるところがこの温度だったのである。

この「大統一時代」では、強い核力と電弱力は同じように区別がつかず、単一の**電核力**になると考えることはもっともなことであろう。すべての力の媒介粒子は同じになり、質量もなく、電荷もなく、クォークフレーバー（アップとダウン）やカラー（赤、緑、青）もない。このより高い対称性を破るには、多くのヒッグス場を必要とする。それらが高温で結晶化し、クォークと電子とニュートリノを分離し、強い力と電弱力を分離する。

このような**大統一理論**（GUT）の最初の例の一つが、一九七四年にグラショーとジョージによってつくられたものである（注2）。この理論はSU(5)対称操作群に基づいており、それを彼らは「世界のゲージ群」と称した（出典1）。高い対称性の一つの帰結は、すべての素粒子がお互い単に他の粒子の一面となっていることである。グラショーとジョージの理論では、クォークとレプトンの変換が可能になっている。これは陽子の中のクォークがレプトンに変わりうることを意味した。「それで私は、これが原子の基本的構成要素である陽子を不安定にしてしまうことに気付いたのだ」とジョージは語った。「その時点で私は非常に気持ちが落ち込み、寝込んでしまった。」（出典2）

大統一は地球上に作られるどんなコライダーでも決して実現できないエネルギーでしか起こらないので、このような理論の価値を疑問視してもよいかもしれない。しかしGUTは、原理的には衝突実験で姿を現しうる新粒子の存在を予言する。さらに、大統一時代は何十億年も昔に終わってしまったかもしれないが、現在われわれが観測できる宇宙にまだ痕跡を残しているのだ。

少なくともこれが、若い米国人物理学者の博士研究員アラン・グースが辿った論理であった。彼はGUTによって予言される新粒子に、**磁気モノポール**が含まれることを確認した。これは磁気的な「電荷」の一つの単位、すなわち分離されたN極かS極をもつものだ。一九七九年五月に彼は、ビッグバンでつくられたであろう磁気モノポールの数を決定するため、中国系米国人の博士研究員ヘンリー・タイと共同研究を始めた。彼らの目的は、もし初期宇宙で磁気モノポールがつくられたのならば、なぜ現在それがまったく見えていないのかを説明することであった。

グースとタイは、大統一時代から電弱時代への**相転移**の性質を変えることによって、モノポールの形成を抑制できることに気がついた。これはそこに含まれるヒッグス粒子の性質を調整する問題であった。彼らは、滑らかな相転移（あるいは「結晶化」）が起こったのではなく、もし宇宙が相転移温度で過冷却状態になったとすると、モノポールが消えることを発見した。このシナリオでは、温度が急激に下がるので、宇宙が相転移温度より十分低くなっても大統一状態が持続するのだ（注3）。

（注1）　最近の計算によると、このエネルギーは二〇〇兆ギガ電子ボルト（2×10^{14} GeV）あたりの領域にある。

（注2）　「大」と「統一」とはあるものの、大統一理論（GUT）は重力まで含むことを目指してはいない。重力まで含めようとする理論は、しばしば万物の理論、あるいはTOEとよばれる。

（注3）　液体の水は、マイナス四〇度の温度まで過冷却できる。

一九七九年一二月にグースは、過冷却の始まりの効果を広範囲に調べ、時空が異常な指数関数的膨張をする期間のあることを発見した。彼は最初この結果にやや当惑したものの、当時広く受入れられていたビッグバン宇宙論で説明できなかった観測可能な宇宙の重要な特徴が、この爆発的膨張で説明できることをすぐ理解した。「私はこの異常な指数関数的膨張の名前を考え出す努力をしたかどうか覚えていない。しかし私の日記によると、一二月の終わりにはそれをインフレーションとよび始めていた。」とグースは後に書いた(出典3)。

インフレーション宇宙論は、大統一時代の終わりに対称性を破るため用いられるヒッグス場の性質をさらに調整した結果、いくつかの大きな変更を受けた。これら初期の理論では、宇宙は一様過ぎてしまい、構造をもたず、星も惑星も銀河もない、かなり面白みのないものとなってしまうのだ。宇宙学者たちは、この観測可能な構造の種は初期宇宙の量子ゆらぎがインフレーションによって増幅されたものに違いないと考え始めた。しかしそのために要求されるヒッグス場の性質は、グラショー–ジョージGUTのヒッグス場とは矛盾するものであった。

いずれにせよ一九八〇年代前半までに実験データは、ジョージとグラショーの理論の予想より、陽子はより安定であることを確認していた(注4)。素粒子物理から導かれた理論による束縛がなくなり、宇宙学者たちは自由に、ヒッグス場をさらに調整し、観測可能な宇宙に合うようなものにした。これらは総称的に、その意味を強調して、**インフラトン場**として知られるようになった。これらの予言は、一九九二年四月に宇宙背景放射探査機(COBE)人工衛星からの結果によって、見事に裏打ちされた。宇宙背景放射は、ビッグバンの約四〇万年後に、物質から解放された高温の放射が冷えて残ったものである。COBEはその宇宙背景放射の温度の微小なゆらぎを、全天にわたって測定した(注5)。

ブラウトとアングレール、ヒッグス、グラルニックとハーゲンとキッブルは、ヤン－ミルズ量子場理論に含まれる対称性を破る方法として、**ヒッグス場**を発明した。ワインバーグとサラムは、その方法がどのようにして電弱対称性の破れに応用できるかを示し、その手法を用いてW粒子とZ粒子の質量を正しく予言した。つづいて、同じ方法が電核力の対称性を破るために用いられた。これはいくつかの驚くべき結果をもたらした。インフレーション宇宙論の発見を導き出し、宇宙の大規模構造を正確に予言したのだ。

まったく理論的なヒッグス場の概念とそれに伴う偽の真空は、素粒子物理の標準モデルと最近浮上してきたビッグバン宇宙論の標準モデルの両方にとって中心的なものとなった。これらのヒッグス場

(注4)　これらの実験では、宇宙線から遮蔽された大量の陽子の中から、一つの陽子の崩壊を探し出すことが必要となる。ルビアの説明によれば、「…単に半ダースの大学院生たちを数マイルの地下に張り付けて、五年間大きな水槽を見張らせるのだ」。参考文献37、Woit の一〇四ページから引用。

(注5)　これらの微小な温度ゆらぎは、その後ウィルキンソン・マイクロ波異方性探査機（WMAP）によってさらに見事に細かく測定された。二〇〇三年二月、二〇〇六年三月、二〇〇八年二月、二〇一〇年一月に報告された結果は、宇宙の標準モデルを確かめ、その精度を高める働きをした。このモデルは、ラムダ－CDM（冷たい暗黒物質）モデルともよばれ、インフレーションが重要な役割を担っている。最新のWMAPデータによると、宇宙の年齢は137.5±1.1億歳である。

は存在するのだろうか？　それを発見する方法は一つしかなかった。

大統一ヒッグス場のヒッグス粒子は、非常に大きな質量をもっているため、とうてい地球上のコライダーで到達できる範囲にはない。しかし、もともとの電弱ヒッグス場のヒッグス粒子の質量は、何らかの確かさをもって予言できるものではないものの、次世代のコライダーでは十分手に届くところにあるだろうと、一九八〇年代中ごろには信じられるようになっていた。

米国の素粒子物理学者たちは、W粒子とZ粒子の発見でヨーロッパのライバルたちに負けた痛手をまだ負ったままであった。一九八三年六月のニューヨークタイムズ社説は、「ヨーロッパ三、米国はZゼロですらない」と宣告し、自然を構成する究極要素を発見する競争において、いまやヨーロッパの物理学者たちが主導権を握ったと主張した（出典4）。米国の物理学者たちは復讐を狙った。彼らはヒッグス粒子を米国の施設で発見しようと決心した。

一九八三年七月三日、フェルミ研究所のテバトロン加速器のスイッチが入れられた。そのほんの一二時間後、六キロメートルのリングは設計エネルギーの五一二ギガ電子ボルトを達成した。陽子と反陽子を衝突させれば、一テラ電子ボルトの衝突エネルギーが約束された。その費用は一億二千万ドルだ。ブルックヘブンで建設中だった四〇〇ギガ電子ボルトの新陽子‐陽子コライダーISABELLEは、すでに時代遅れのものと判断された。この計画は米国エネルギー省の高エネルギー物理学諮問委員会によって七月に中止された。

CERNでは、LEPコライダーの建設工事がまもなく始まろうとしていた。フランスとスイスの国境の地下約六〇〇フィート（一八〇メートル）に二七キロメートルのリングを作り、その中にこの加速器が設置される。ビーム衝突点は四箇所の予定だ。これはヨーロッパ最大の土木工事となるものであった。しかしLEPは、W粒子とZ粒子の大量生成を意図したものであり、それを用いて新粒子の理解を深め、合わせて未発見のトップクォークを探索する計画であった。LEPはヒッグス探索を主目的とするものではなかった。

テバトロンでは、ヒッグス粒子が見えるチャンスはあったが、それが確実というわけではなかった。大きなことを考えるときであった。以前レーダーマンは、大躍進となる提案を出していた。それは超伝導マグネットを用いることをベースにした巨大陽子‐陽子コライダーで、衝突エネルギー四〇テラ電子ボルトまで出せるものだった。彼はそれを「デザトロン」と名付けた。その理由は、砂漠のように平らで広々とした場所に建設する必要があることと、GUTが予言する「エネルギー砂漠」まで到達可能な唯一の加速器だったからだ。エネルギー砂漠とは、電弱時代と大統一時代の間に横たわる、面白い新物理が何もないエネルギー領域のことである。デザトロンの名前は、特大加速器（VBA）に変えられた。ISABELLEを建設中止とした後、諮問委員会はVBAの優先度を主張した。その名前も、超伝導スーパーコライダー（SSC）と速やかに変更された。

SSCの設計は一九八六年の末までに完成した。それに付いていた値札は四四億ドルであった。米国科学プロジェクト界の大リーグへの確固たる参入となるもので、それには大統領の承認が必要であった。レーダーマンは、その計画についてロナルド・レーガン大統領が閲するための十分間の短いビデオを提供するよう依頼された。彼はその機会を利用して、レーガンの開拓者精神に訴えた。素粒子物理における未踏の領域の探究と、米国西部の探検との類似性を、直接比べて見せたのだ。

SSCの正式案件がレーガンと彼の大統領顧問団の前に提出されたのは、一九八七年一月のホワイトハウスでの会議の場であった。その投資に対する賛成と反対の議論が行き来した。レーガンの予算委員長は、それを承認することは一握りの物理学者を非常に喜ばせる以上のものではないと主張した。レーガンは、多分それは考えに入れなければならないことだろうと答えた。それは彼自身、かつて彼の物理の教師を非常に不愉快にしてしまったからだ。

やがて議論も静まり、注意は最終決定するレーガンに向けられた。レーガンは米国人作家ジャック・ロンドンの一節を読み上げた。「私は窒息し、ひからびて朽ちるより、輝く炎の中で焼き尽くされ、火花となりたい(出典5)。」この言葉はかつてクォーターバックのケン〝スネーク〟ステイブラーに対して引用されたことがある、と彼は説明した。オークランドレイダーズを率い、一九七七年のスーパーボウルで勝利に導いたステイブラーは、彼のパスの正確さと、彼の「ゴースト・トゥー・ザ・ポスト」で名を知られていた。彼は、ボルチモアコルツとのAFCプレーオフで、試合終了直前にデイブ・キャスパー（〝ゴースト〟）へ四二ヤードのパスを決め、それが同点フィールドゴールへとつながったのだ。それで試合は延長戦となり、最終的にレイダーズが勝利を手にした。

ステイブラーはジャック・ロンドンの引用文を、彼自身のアメリカンフットボールに対する取組み方になぞらえて説明した。「深く投げろ」とステイブラーは言った(出典6)。逆境に直面したときは、冒険的なほうを選び、輝く炎の中で焼き尽くされるほうがよいということだ。

一九六四年に政治の世界に入る前、レーガンはアメリカB級映画のスターであった。一九四〇年の映画「クヌート・ロックニー、オールアメリカン」で、大学フットボール選手のジョージ・ジップの役を演じ、そこから彼はジッパーという愛称を得た。ジップは咽喉感染症のため二五歳の若さで亡くなった。その映画には有名なせりふがあった。「そしてジョージが最後に私に言ったことは『ロック』だった。『時にはチームが八方ふさがりになることもある。不運に打ちのめされることもある。そんなときには選手たちにこう言うんだ。そこへ行って、お前たちのすべてを出せ、そしてジッパーのために1点取れ。』」(出典7)

レーガンがSSCの構想に心理的に深く共鳴したことは疑いないだろう。すでにそのとき彼は、科学が米国のために、戦略的防衛構想(SDI、「スター・ウォーズ」としても知られる)というかたちで、最終防衛ラインを提供してくれるという約束に眩惑されていた。科学における米国の主導権のために、そこへ行って、持っているすべてを出すことに、彼は喜び以上のものを感じただろう。ジッパーは深く投げる覚悟をした。

その計画は承認された。だがそれは疑いが付きまとうものでもあった。エネルギー省の売込み文句では、SSCは国際的な協力事業になるだろうと説明された。他の国々からの財政的な貢献によって支援されるというのだ。しかし米国の物理学者たちの美辞麗句は、その意図を傷つけることになってしまった。高エネルギー物理学における米国の主導権を回復するための計画であることが明白なの

に、なぜそれを他の国が支援しないといけないのか？　いずれにせよヨーロッパはCERNに全力を傾けていた。当然のことながら、SSCは外国の興味を惹かなかった。

米国の物理学コミュニティ内でも不満がつのり、それが対立にまで高まった。そのような高い費用をかけてヒッグス粒子を探すことは、いったい何を犠牲にしているのだ？　他にも、それぞれずっと安くできる計画がたくさんあり、それらが潜在的に高い価値をもつ技術を発展させる可能性はずっと大きいだろう。米国の物理学の予算は、これらすべてとSSCを同時に賄うことはできず、これらの計画はかなりの危機的状況に陥ってしまうように思われた。高エネルギー物理学はその他の科学分野より、本当に千倍も価値あるものなのだろうか？

「巨大科学」という言葉は、軽蔑的な意味をもつようになってしまった。

SSCに対する議会と上院の支持は、その新コライダーの建設地が決まらないうちは維持されていた。科学および工学の全米アカデミーは、二五の異なる州から四三の提案を受取った。テキサス州政府は委員会を設立し、もしSSCがテキサス州に建設されるなら一〇億ドルの資金提供をすると約束した。新コライダーはフェルミ研究所に作られたほうが、より理にかなっていたかもしれない。そこにはすでに必要となる基盤施設のほとんどがあり、大勢の物理学者がいたからだ。しかし、一九八八年一一月に全米アカデミーが下した決定は、かつて綿花で裕福であったエリス郡の、テキサス大草原の地下深く、オースティン・チョークとよばれる白亜紀の地層の中に、SSCを建設するというものだった。

レーガンの副大統領であったテキサス州出身のジョージ・ブッシュがその後を継いで大統領に就任

したのは、その発表の二日前であった。全米アカデミーの決定に何らかのバイアスを与えたと示唆するものは何もないが、ブッシュは強力な支援者となった。だが、敷地が決定されると、他の州の連邦議会議員や上院議員の支持は消えていった。

物理学者たちは資金を確保するため、議会と絶え間なく戦わなければならなかった。彼らは評価が行われるたびに、計画について証言するために呼び出された。その間、巨大な超伝導マグネットのリングの建設に関する詳細を、技術者たちがより明確に理解するにつれ、予算の見積りはふくれ上がっていった。一九九〇年に建設を開始するための予算が出るころには、その見積りは二倍近い八〇億ドルとなっていた。

オースティン・チョークの中に試験用の穴が掘られ、いくつかの基盤設備がワクサハチー近くに作られた。その場所は、テキサス州政府がＳＳＣ計画のために取っておいた一万七千エーカー（69 km^2）の敷地の一部だ。マグネットの開発と試験のために研究所も建設された。冷却装置を収容する大きな建物が作られた。この装置は、マグネットを超伝導温度に保つのに必要な液体ヘリウムを作り、循環させるためのものだ。

二つの検出器共同研究チームが結成された。ソレノイド検出器共同研究チーム（ＳＤＣ）は千人の研究者と技術者からなり、世界中からの百以上の異なる研究機関が参加した。この検出器は汎用型で、建設費は五億ドルだ。一九九九年の年末より前にデータをとり始められると期待された。もう一つの共同研究チームのガンマ・電子・ミューオン（ＧＥＭ）グループは、ＳＤＣとほぼ同じ大きさで、その競争相手となるものだ。

多くの物理学者が冒険するほうを選び、今の仕事を一定期間休む手筈にするか、まったく仕事を辞めて、新しい場所に移り、SSC計画に参加した。全部で約二千人がワクサハチーかその周辺に集まってきた。SSCの政治に通じていない外部の人間には、すべての動きがうまくいっているように見えたに違いない。研究所建設は進み、穴は掘り進められ、人も大挙して集まってきている。

しかし別なあまり良くない兆候もあった。米政府は、すでに大きく膨らんだ予算不足がさらに増大していることに苦しんでいた。ブッシュ大統領は、一九九二年一月に日本を訪れ、手ぶらで戻ってきた。日本は、SSCは国際プロジェクトではないと主張した。だから支持しないということだ。「巨大科学」に対する雑音は高まり、最高潮に達した。六月に下院は、SSC計画を中止するための連邦政府補正予算案を可決した。しかし上院による調停によって、計画は生き延びた。

SSC計画のまわりに漂い始めた陰りは、一九九三年に出版されたワインバーグによる一般向けの本『究極理論への夢』に映し出されている。そこにはこう書かれている（出典8）。

建物が作られ、穴が掘られたが、計画の予算がもう止められるかもしれないことを私は知っていた。試験用の穴が埋められ、マグネット用の建物が空っぽになって残り、何人かの農夫の薄れゆく記憶だけが、かつて偉大な科学研究所がエリス郡で計画されていた証となることを、私は想像できた。多分私は（トマス）ハクスリーのビクトリア朝風楽観主義の呪文に縛られていたのかもしれないが、こんなことが起こるとは信じられなかった。そして自然の究極理論の探究を、われわれの時代に止めてしまうのも信じられないことだった。

同じ年にレーダーマンによるかなり空想的な本『神がつくった究極の素粒子』が出版された。その中で彼は、古代ギリシャの哲学者デモクリトスと親しく雑談している夢から突然に起こされた(出典9)。「くそっ。」家に戻ってきてしまった。私は論文からふらふらと頭を上げた。ニュースの見出しが載った一枚のコピーに気が付いた。それには、スーパーコライダーに対する下院の予算が危ぶまれる、とあった。コンピューターのモデムが鳴り続けていた。送られてきた電子メールは、上院でのSSCの聴聞会のために私をワシントンに「招待」するものだった。

ビル・クリントンは、ジョージ・ブッシュと無所属のテキサス州実業家ロス・ペローを打ち破り、一九九二年一一月の大統領選に勝利した。翌年六月にSSCの予算見積りは一一〇億ドルにまで増大し、下院は再び計画に反対票を投じた。SSC副所長のラファエル・カスパーはこう所見を述べた。「SSCに反対票を投ずることは、ある時点で財政上の責任の象徴となってしまった。ここに反対票を投じられる金食い計画がある、というわけだ。」(出典10)

クリントンは概してSSC計画を支持したが、レーガンやブッシュほど積極的ではなかった。新たな競争相手が現れたのだ。それは国際宇宙ステーションを建設するという二五〇億ドルの計画だった。しかもその基地が置かれるのは、テキサス州ヒューストンにあるNASAのジョンソン宇宙センターであった。

一九九三年九月にワインバーグ、リヒター、レーダーマンは何とかSSCに対する支持を強化しようと土壇場の試みを行った。英国の物理学者スティーヴン・ホーキングもビデオで支持のメッセージ

図 19　1993 年の 10 月，SSC 計画が議会によって中止させられたとき，20 億ドルが使われており，テキサス大草原地下のトンネルも 23 km 掘られていた．出典：SSC Scientific and Technical Electronic Repository より．

を送った。だがそのかいもなかった。

一〇月に下院は国際宇宙ステーションを僅差（一票差）で可決した。翌日下院はSSCを二対一で否決した。今度は一時的救済もなかった。予算は、すでに建設された施設をお蔵入りさせるために振り向けられた。トンネルは約二三キロメートル掘られ、二〇億ドルが使われた（図19を参照）。しかし今度はビクトリア朝風楽観主義も計画を存続させることはできなかった。ＳＳＣは死んだ。

ピューリッツァー賞受賞作家のハーマン・ウォークは、ＳＳＣの経験をもとにした小説を書いた。『テキサス州の穴』の冒頭の著者による覚書の中で、彼はこう記した（出典11）。

　原子爆弾と水素爆弾以来ずっと、（素粒子物理学者たちは）議会のお気に入りで、甘やかされてきた。しかしそのすべてが突然、荒々しく終わった。不発に終わった彼らのヒッグス粒子の探求が残した唯一のものは、テキサス州の穴だった。打ち捨てられた巨大な穴だ。

　それはまだそこにある。

ＳＳＣが中止されてから一年余り経った一九九四年一二月一六日、ＣＥＲＮ加盟国は、ＬＥＰがその耐用年数を過ぎた後、それをアップグレードして陽子‐陽子コライダーに転換するため、一五〇億ドルを二〇年以上にわたって割り当てることを決定した。大型ハドロンコライダー（ＬＨＣ）のアイデアは、その一〇年以上前の一九八四年三月に、スイスのローザンヌで開かれたＣＥＲＮワークショップで初めて議論された。ＬＨＣは、一四テラ電子ボルトまでの衝突エネルギーをつくり出す計画だ。これはＳＳＣの最高エネルギーの半分以下であったが、ヒッグス粒子を発見するには十分過ぎるものであった。

ルビアは、ＣＥＲＮは「ＬＥＰトンネルを超伝導マグネットで敷き詰める」だろう、と宣言した（出典12）。

第九章　すばらしい瞬間

ヒッグス粒子が英国の政治家にわかるよう明確に説明され、ヒッグスの兆候がCERNで見つかり、大型ハドロンコライダーが運転を開始し、そして爆発したこと

ＳＳＣは莫大な賭けであった。そして物理学者たちは負けた。その米国の計画を最終的に中止に追込んだ不満の声は、ヨーロッパでも表面化し始めた。ＣＥＲＮには、その運営資金の責任を負っているのが一国ではないことからくる利点があった。その反面、個々の加盟国の出資金の大きさに関する不満が、ＣＥＲＮへの支持を撤回する決定となる可能性もあった。一九九三年の四月、米国下院が最終的にＳＳＣを中止する決定をするちょうど六カ月前、英国の科学大臣ウィリアム・ワルデグレイブは英国の高エネルギー物理学者コミュニティに挑戦状を出した。

ワルデグレイブの挑戦状は、ジョン・メージャー首相の保守党政権による科学政策の大幅変更を予示するものであった。翌月公表される予定であった政府白書は、英国民の富の創生と生活の質を改善することを究極の目標とする新機軸へ向けて、科学政策の重点を移行させようとするものであった。言い換えれば、英国の科学の目的は英国経済の関心事に役立つこと、つまり「英国株式会社」の利益のためということだ。

それは不吉な兆候であった。英国はまだ一九八七年一〇月の株式市場の暴落がきっかけとなって起こった世界的不況からの回復途上にあり、英国のCERNへの年間拠出額五千五百万ポンドを支払える余裕はほとんどなかった。物理学者たちは、CERNがもたらした多くの波及効果による発展について指摘した。たとえば、ハイパーテキストをインターネットと結合する計画が、一九九〇年のティム・バーナーズ＝リーによるワールドワイドウェブの発明を導いたことなどだ。とは言え、それでヒッグス粒子の発見が、どのようにして英国の人々の富の創生と生活の質を直接改善するのかを、説明するのはおそらく困難であった。

幸いなことに、物理学者たちはまだこの種の理由付けを提供するよう求められてはいなかった。しかしワルデグレイブは、彼らがやろうとしていることの正確な説明を、もっとずっとうまくやるよう、はっきり求めたのだ。

いったいそのヒッグス粒子というものは何なのか？ それを見つけるだけのために何十億ドルもかけるほど重要だというのはなぜか？「もしそれを私が理解するのをあなた方が助けてくれるなら、それを見つけるお金を得るために、私があなた方を助けてあげられる可能性がより高くなるでしょう。」とワルデグレイブは、英国物理学会の年次会議で聴衆に言った（出典1）。彼はさらに、「もし誰かこの大騒ぎがいったい何なのか、平易な英語で、紙一枚で説明できたら、その人には年代もののシャンパンで報いるだろう。」と言った。

もちろんその大騒ぎは、ヒッグス場が標準モデルの構造の中で演ずるようになった中心的役割についてなのだ。ヒッグス場なしでは電弱対称性の破れは起こせない（注1）。対称性の破れがなければ、W

粒子とZ粒子は光子のように質量をもたず、電弱力は統一されたままだ。素粒子とヒッグス場の相互作用がなければ、質量はなく、したがって物質は存在せず、星も惑星も生命もないだろう。そしてこのヒッグス場の存在する直接証拠が、その場の粒子であるヒッグス粒子を見つけることからのみ得られるのだ。ヒッグス粒子を発見したら、突然われわれは物質世界の本質について非常に多くのことを理解するだろう。

ヒッグス機構を政治家がわかるよう明確に説明するには、単純な喩えが必要であった。ユニバーシティ・カレッジ・ロンドンの素粒子物理学と天文学の教授のデイヴィッド・ミラーは、ちょうどそのような類比を見つけたと信じた。少し文章を整え、そしてワルデグレイブ自身が経験した並はずれた個性をもったある人物を登場させることで、彼はその説明を生き生きさせることができたと思った。その人物とは、最近まで英国の政治を支配していた前首相のマーガレット・サッチャーだ。ミラーは次のように書いた(出典2)。

政党運動員たちのカクテルパーティーを想像しよう。彼らはフロアのいたるところに一様に散らば

(注1)　厳密に言えば、これはあまり正しくはない。ある種の「テクニカラー」理論では、新しい別の強い力を導入して、電弱対称性の破れをひき起こすことができる。これらの理論はW粒子とZ粒子の質量も説明できるが、クォークの質量を正しく予言することには苦労している。この理由により、ヒッグス機構のほうがより多く支持されている。これは二〇一一年二月二四日にスティーブン・ワインバーグから直接聞いたことである。

り、全員がすぐ近くの人と話している。そこへ前首相が入ってきて、部屋を横切る。彼女の近くにいる運動員たちは皆、彼女に強く引きつけられ、彼女のまわりに群がる。彼女が動くと、彼女が近づいた人たちが引きつけられ、彼女が残した人たちはもとの均一な間隔に戻る。彼女のまわりに群がる人たちによって常につくられる集団のせいで、彼女はいつもより大きな質量を得たことになる。つまり彼女が同じスピードで部屋を横切るとき、彼女はより大きな運動量をもつのだ。ひとたび動き出すと止まりにくくなり、そしてひとたび止まると再び動き出すのに苦労する。それはまた群がりの過程が起こるからだ。これを三次元にし、相対論を考慮に入れたのが、ヒッグス機構だ。

粒子に質量を与えるため、背景場が考え出された。粒子がその中を動くと、局所的に背景場がゆがめられる。そのゆがみが、粒子のまわりの場の群がりとなって、粒子の質量を生じるのだ。この考えは、固体物理学から直接きたものだ。固体は、空間のいたるところすべてを満たしているのではなく、正電荷の結晶原子の格子からできている。電子が格子の中を動くとき、原子は電子に引き寄せられ、電子が有効質量をもつ原因となる。それは自由電子の質量の四〇倍も大きなものだ。

真空中にあると仮定されたヒッグス場は、宇宙を満たす仮想的な格子のようなものだ。それが必要であるのは、それなしには、弱い相互作用を媒介するZ粒子やW粒子がなぜそれほど重くて、電磁力を媒介する光子がなぜ質量をもたないかを、説明できないからだ。

これは図20が示すように、質量のない素粒子（喩えではサッチャーに相当する）がヒッグス場（一様に散らばった政党運動員たち）と相互作用して質量を得る機構を述べている。ミラーは続けてヒッ

図 20　勝利を得たデイヴィッド・ミラーによるヒッグス機構の説明．マーガレット・サッチャーが政党運動員たちの“場”を通って進もうとすると，場が彼女のまわりに群がり，彼女の動きは遅くなる．これが質量を得ることに相当している．出典：著作権は CERN.

グス粒子について説明した。

今度は、部屋いっぱいに一様に散らばった政治運動員たちの中を、噂が通り抜ける場合を考えよう。ドア近くで最初に噂を耳にした人たちは、近くに集まり、詳しい話を聞こうとする。次に彼らは振り返り、やはり噂を知りたがっている近くの人たちのほうへ移動する。そうして人々の群れの波が、部屋を通過してゆく。その群れは、部屋の隅々にまで広がるかもしれないし、小さなひとかたまりになったまま一直線に、そのニュースをドアから部屋の反対側にいる重要人物まで届けるかもしれない。その情報は人々の群れによって運ばれ、そしてその群れは元首相に余分な質量を与えたものなので、群れによって運ばれる噂も質量をもつ。

ヒッグス粒子は、まさにヒッグス場の中のこのような群れであると予想される。もしわれわれが実際にヒッグス粒子自体を見たとすると、ヒッグス場が実在し、他の粒子に質量を与える機構が正しいと、容易に信じられるようになるだろう。さらにまた固体物理との類比もある。結晶格子は、その中を動いて原子を引きつける電子がない場合でも、群れの波を運ぶことができるのだ。こうした波はあたかも粒子のようにふるまう。それはフォノンとよばれており、やはりボソンなのだ。ヒッグス粒子がなくても、ヒッグス機構はあるかもしれないし、宇宙のいたるところにヒッグス場があるかもしれない。次世代のコライダーが、それを明らかにするだろう。

これは図21で説明されている。

図 21　ヒッグス粒子は，そっとささやかれた噂が政党運動員たちの場を通っていくようなものだ．噂を聞きに集まった場が群がり，局所化して“粒子”となり，部屋の中を移動してゆく．出典：著作権は CERN.

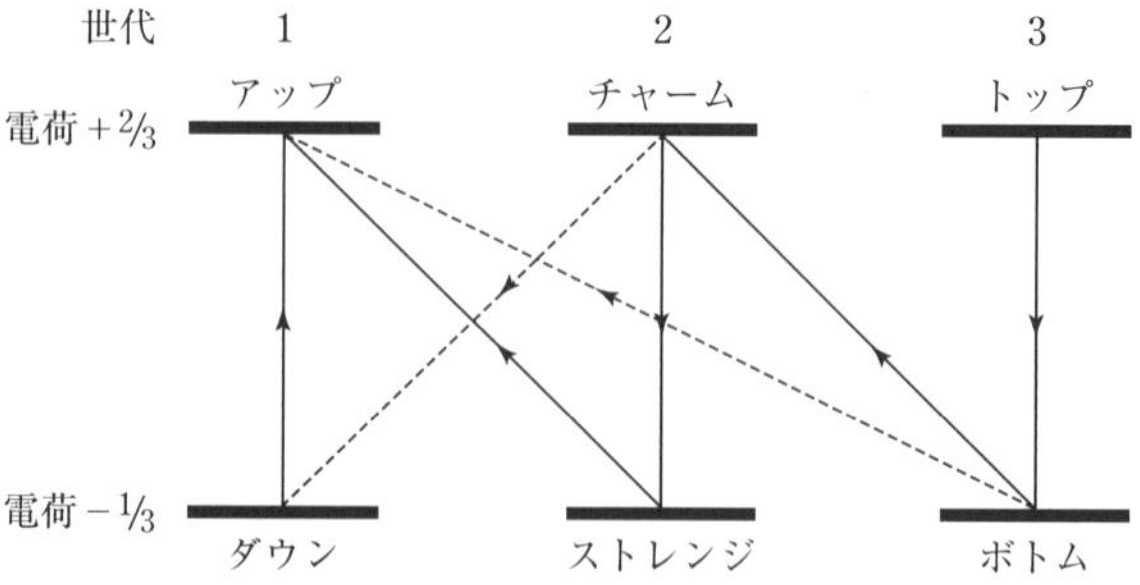

図22 “フレーバーを変える”弱い核力によるクォークの主要な崩壊は，ダウン→アップ，ストレンジ→アップ，チャーム→ストレンジ，ボトム→チャーム，トップ→ボトムである．あまりよく起こらない二つの崩壊過程も破線で示されている（チャーム→ダウン，ボトム→アップ）．上へ向かう遷移は，W^-粒子の放出を伴い，それはレプトン（たとえば電子）と対応する反ニュートリノに崩壊する．下へ向かう遷移は，W^+粒子の放出を伴い，それは反レプトン（たとえば陽電子）と対応するニュートリノに崩壊する．

ワルデグレイブは一一七件の回答を受取った。この数自体、物理学者たちの探究の重要さを物語っている。勝ち抜いた五件の中から、物理学コミュニティが最高のものと判断したのがミラーの回答であった。約束通り、ミラーはヴーヴ・クリコのボトルを受取ったが、どうも彼自身はそれを味わえなかったようだ。「私の妻と、義理の姉と、息子のガールフレンドが、そのシャンパンを飲んでしまったのだ。」と彼は説明した（出典3）。

その窮乏した状況の中、英政府はＣＥＲＮに対する財政的負担を負い続けることにした（注2）。

ヒッグス粒子探索がしばらく停滞している間、他にも標準モデルの粒子がいくつか未発見のまま残されていた。一九九五年三月二日、つ

いにトップクォークの発見がフェルミ研究所で、それぞれ約四百人の物理学者からなる二つの競合する研究チームによって発表された。それはトップクォークの崩壊物を通して同定された。トップクォーク－反トップクォーク対は、高エネルギーの陽子と反陽子の衝突で生成され、それぞれボトムクォークとW粒子に崩壊する。一つのW粒子はミューオンと反ミューオンニュートリノに崩壊する。もう一つのW粒子はアップクォークとダウンクォークに崩壊する。最終的に、衝突からミューオン、反ミューオンニュートリノ、四つのクォークジェットがつくられることになる。トップクォークの質量は、一七五ギガ電子ボルトという驚くべき値であることがわかった。それは第三世代のパートナーであるボトムクォークの質量よりほぼ四〇倍も大きなものであった。

ヒッグス粒子を別にすれば、唯一未発見で残っている粒子がタウニュートリノであった。その発見は、五年後の二〇〇〇年七月二〇日にフェルミ研究所で発表された。これで弱い力の相互作用がクォークのフレーバーを別のものに順々に変えてゆく過程をすべて描くことが可能になった（図22を参照）。

テバトロンかLEPがヒッグス粒子を発見する望みはまだ残されており、これらの加速器は限界ま

（注2）　これを全体的に見ると、CERN予算に対する英国の二〇一一年の寄与は一五パーセント、すなわち一億九〇〇万ポンド（一億七四〇〇万ドル）であった。これは、英国の国民一人当たりに換算すると、毎年二ポンド以下だ。「それは文字通り『ピーナッツ』（わずかな金）だ」とATLASの物理学者でテレビキャスターのブライアン・コックスは言った。「実際私たちは、LHCに使うよりもっとピーナッツにお金を使っているのだ。」（サンデー・タイムズ、二〇一一年二月二七日）

のだ。

W粒子とZ粒子の探索のときと異なり、物理学者たちはどこを探してよいかまったくわからなかったで性能を高めていた。問題は、ヒッグス粒子の質量が理論的にまったく予言できないことであった。

総合的な理解としては、質量は一〇〇〜二五〇ギガ電子ボルトの領域あたりにあるだろうと考えられた。ヒッグス粒子は、その崩壊チャンネルを通して検出される。たとえば、ヒッグス粒子がトップクォークもしくはボトムクォークを伴って生成されるモードで、ヒッグス粒子がボトムクォーク－反ボトムクォーク対へ崩壊するチャンネルが考えられる。この他には、ヒッグス粒子が二つの高エネルギー光子に崩壊するチャンネルや、Z粒子対に崩壊して、さらにそれぞれのZ粒子がレプトン（電子、ミューオン、ニュートリノ）の対に崩壊し、結局四つのレプトンになるチャンネル、W粒子対やタウレプトン対に崩壊するチャンネルがある。

LEPは強力で汎用性のある加速器であったが、その有用であった役目を終え、二〇〇〇年九月に運転終了する予定であった。CERNの物理学者たちは、最後のぎりぎりまでヒッグス粒子を見つけようとして、加速器を限界以上に押上げようとした。LEPは一九八九年八月に設計値のビームエネルギー四五ギガ電子ボルト（電子－陽電子衝突エネルギー九〇ギガ電子ボルトを生み出す）を達成した。いろいろな性能改善を行った後、衝突エネルギーは一七〇ギガ電子ボルトにまで高められ、W粒子対を生成できるようになった。二〇〇〇年の夏には、さらに変更が加えられ、衝突エネルギーは二〇〇ギガ電子ボルト以上にまで押上げられた。

二〇〇〇年六月一五日、CERNの物理学者ニコス・コンスタンチニディスは、Aleph検出器（注3）

で前日に記録された一つの事象を調べた。それは四ジェットの特徴をもっていた。そのうち二つはZ粒子からきたものだ。その他の二つのジェットは、もっと重い粒子の崩壊からきているように見えた。その質量は約一一四ギガ電子ボルトであった。

それはまったくヒッグス粒子のように見えた。

もちろん、一つの事象だけでは発見とは言えない。しかしその後すぐAlephによって、もう二つの事象が記録され、そしてDelphi(注4)とよばれる第二の検出器共同研究チームでも二つの事象が記録された。これでもまだ発見と主張するには不十分であったが、LEPの運転終了を一一月二日まで延期するよう、CERN所長のルチアーノ・マイアーニを説得するには十分であった。そしてL3とよばれる第三の検出器が、異なる種類の事象を記録した。それはヒッグス粒子がZ粒子を伴って生成され、Z粒子が二つのニュートリノに崩壊した事象のように見えた。CERNは、一九六四年にヒッグス粒子が発明されて以来の高エネルギー物理学において、最も重要な発見の一つができる間際まで来ているように思われた。

CERNの物理学者たちは、もう六カ月LEPの運転を続けるよう、直ちに要求した。マイアーニはそれに同意する気になりかけたが、上級研究者たちとの会議を重ねて熟慮した結果、彼が下した結

（注3）　Aleph は Apparatus for LEP（LEP用検出装置）の略である。
（注4）　Delphi は Detector with Lepton, Photon and Hadron Identification（レプトン、光子、ハドロンを同定する検出器）の略である。

論は、これらの証拠がLHC建設を遅らせる可能性を正当化するには不十分であるというものだった。延長期間中にLEPからLHCへの移行をうまく円滑に行う方法はなかった。LHCを建設するには、LEPが入っているトンネルを完全に空にしなければならなかった。マイアーニは、LEPを終了させる以外の選択肢はないと思った。CERNのコミュニティがその決定を知ったのは、報道発表を通してであった。

多くの物理学者は、重大な発見が目前にあると確信していた。そしてマイアーニの事態処理のやり方に対し、苦々しい思いをもった。しかし、衝突事象をさらに精密な解析にかけてみると、それらが真にヒッグス粒子による信号である確からしさは減少していた。「ヒッグス粒子を手につかんだと感じた人たちのいらだちと悲しみは理解できる。」二〇〇一年二月にマイアーニは書いた。「それと彼らの研究を確認できるまでに何年もかかってしまう恐れもよくわかる。」（出典4）

結論できたことは、ヒッグス粒子は一一四・四ギガ電子ボルトより重く、おそらく一一五・六ギガ電子ボルトあたりの質量値をもつであろう、というのがすべてであった。

トップクォークとタウニュートリノが発見されたことで、標準モデルを構成するほぼすべての素粒子が出そろった。物理学者たちは、理論による予想と一致しない実験データがまったくないという、これまでに例のない事態に直面することになった。それでも理論家たちにはやることがたくさんあった。

標準モデルの深刻な欠陥は、その初めの瞬間から痛々しいほど明白であった。このモデルは、「基本的」なものとしては驚くほど多数の「素」粒子を扱わねばならなかった。これらの粒子は約二〇個ものパラメーターを必要とする理論的枠組みの中で互いに結び付いており、そしてこれらのパラメーターは理論からは導かれず、測定で決めるしかないのだ。これらのうち、九個のパラメーターはクォークとレプトンの質量を指定するのに必要であり、三個はそれらの間に働く力の強さを指定するのに必要なのである。

それからヒッグス粒子自体の質量にも問題があった。ヒッグスはいわゆる「ループ補正」を通して質量を得る。これは仮想粒子との相互作用を考慮に入れたものである。仮想トップクォークのような重い粒子を含むループ補正は、電弱対称性を破るのに必要となるヒッグスの質量値より、はるかに大きな値を与えてしまう。その結果、弱い力は実際よりずっと弱くなってしまうことになる。これが「階層性問題」として知られるものだ。

そして、グラショー、ワインバーグ、サラムによって弱い力と電弱力との組合わせにはついに成功したものの、標準モデルを構成するヤン–ミルズ場の理論のSU(3)×SU(2)×U(1)構造は、粒子の力を完全に統一する理論には程遠いものであった。

実験による手引きがないので、理論家たちは美学的原理に頼らざるをえなかった。標準モデルを超え、そしてさらにより基本的なレベルで自然の法則を説明することのできる理論を、彼らの直感に従って探し求めたのだ。

ジョージ–グラショー型の大統一理論に加えて、統一への別の方法が一九七〇年代初頭にソビエト連邦の理論家たちから現れ、一九七三年にCERNの物理学者ユリウス・ヴェスとブルーノ・ズミノによって独立に再発見された。それは**超対称性**（supersymmetry）、あるいは縮めて頭字語をとり、SUSYとよばれるものである。超対称な理論には多くの種類があるが、最も単純なものの一つが、一九八一年に初めて提案された最小超対称標準モデル（MSSM）である。その特徴は、物質粒子（フェルミオン）とそれらの間の力を媒介するボソンを結び付ける「超多重項」の存在だ。

超対称性理論では、フェルミオンをボソンと入れ替える変換、およびその逆の変換に対し、方程式は不変である。今日われわれが観測する物理学では、フェルミオンとボソンはまったく異なる性質をもち、異なるふるまいをするが、それは超対称性が破れたか、あるいは隠れたかによる結果だということになる。

超対称性の一つの帰結は、粒子の種類が増えることだ。それぞれのフェルミオンに対し、この理論は対応する超対称フェルミオン（**スフェルミオン**とよばれる）の存在を予言する。スフェルミオンは、実のところボソンなのである。つまり標準モデルのどの粒子に対しても、この理論はスピンが½異なる重い超対称パートナーを要求するのだ。電子（electron）のパートナーはスカラー電子（scalar-electron あるいは縮めて selectron）とよばれる。それぞれのクォーク（quark）には、対応するスカラークォーク（squark）がそのパートナーとなる。

同様に、標準モデルのすべてのボソンにも、対応する超対称ボソンが存在する。それらは**ボシーノ**とよばれ、実際はフェルミオンである。光子（photon）、W粒子、Z粒子の超対称パートナーは、フォティーノ（photino）、ウィーノ（wino）、ズィーノ（zino）だ。

ＭＳＳＭの一つの利点は、ヒッグス粒子の質量の問題を解決することである。ＭＳＳＭでは、ヒッグスの質量を発散させたループ補正は、仮想超対称粒子を含む相互作用からくる負の補正によって相殺される。たとえばヒッグスの質量に対する仮想トップクォークの相互作用からの寄与は、仮想スカラートップクォーク（stop）を含む相互作用によって相殺される。この相殺がヒッグスの質量を安定化し、これによって弱い力の強さも安定する。この機構を働かせるため、ＭＳＳＭではそれぞれ異なる質量をもつ五つのヒッグス粒子が実際必要になる。これらのうち三つは中性で、二つは電荷をもつ粒子である。

またＭＳＳＭは、標準モデルのもう一つの欠陥を解決する。一九七四年にワインバーグ、ジョージ、クインが示したように、標準モデルの強い力と弱い力と電弱力の強さは、高エネルギーでほぼ等しくなる。しかしそれらは、完全に統一された電核力の場の理論で期待されるようには、正確に等しくはならない。ＭＳＳＭでは、素粒子の三つの力の強さは、一点に収束すると予測される（図23を参照）。

超対称性は、宇宙論の長年にわたる問題も解決するかもしれない。一九三四年にスイスの天文学者フリッツ・ツビッキーは、かみのけ座銀河団の銀河の平均質量が、重力の効果から推測したものと、夜空での銀河の明るさから推測したものとで一致しないことを発見した。重力の効果を説明するのに必要な質量のうち、九〇パーセントもの量が「欠けている」、あるいは見えていないのだ。この欠けている質量は**暗黒物質**とよばれた。

この問題は一つの銀河団に限定されたものではなかった。暗黒物質は、現在のビッグバン宇宙論の

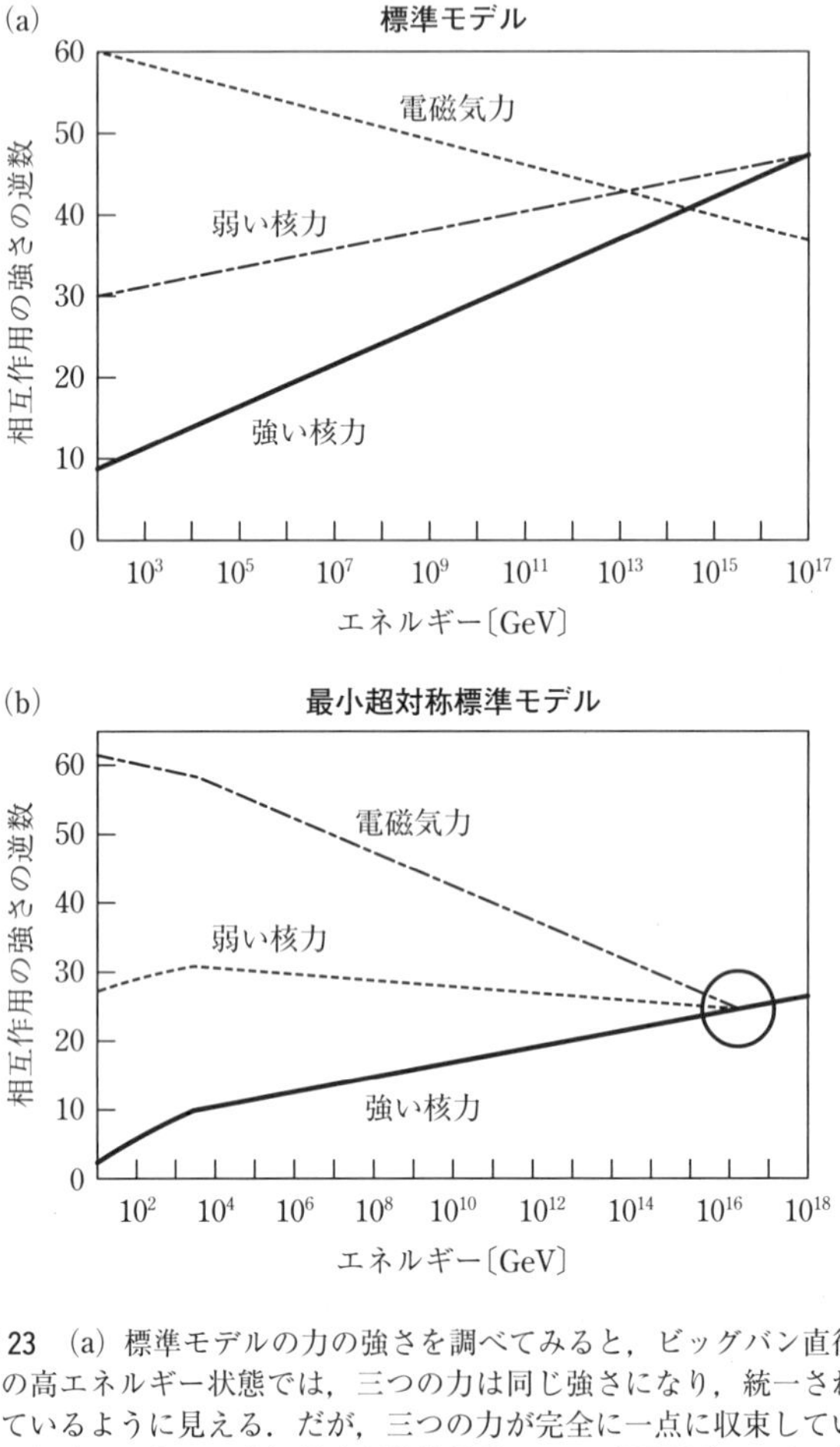

図 23 (a) 標準モデルの力の強さを調べてみると，ビッグバン直後の高エネルギー状態では，三つの力は同じ強さになり，統一されているように見える．だが，三つの力が完全に一点に収束しているわけではない．(b) 最小超対称標準モデル（MSSM）では，付加的な量子場がこの外挿を変化させ，三つの力をほぼ完全に収束させる．

標準モデルであるラムダ－CDMモデルでは、中心的な構成要素となっている。COBE衛星、そしてより最近のWMAP衛星による宇宙背景放射の連続的な観察は、暗黒物質が宇宙の質量－エネルギーの約二二パーセントを担っていることを示している。約七三パーセントは**暗黒エネルギー**という宇宙にくまなく充満する真空エネルギーの場からくるものだ。それらの残りが宇宙の「見える」物質、すなわち、星、ニュートリノ、重元素などだ。われわれのすべてと、われわれが見ることのできるすべては、宇宙のたかだか五パーセントしか占めていない。

超対称性は、強い力と電磁力のどちらの影響も受けない**超対称性粒子**を予言する。したがってニュートラリーノのような超対称性粒子は、いわゆる弱い相互作用をする重い粒子（WIMP）の候補であり、暗黒物質のかなりの割合を占めると考えられている（注5）。

超対称性粒子の一群が存在すれば、すばらしいように思えるかもしれない。しかし、素粒子物理の歴史におけるすばらしい発見のほとんどは理論的予言に基づいているが、その陰で、その発見がなされたときには多くの予言がばかげたものとして捨てられているのである。もし超対称性が本当に存在するのなら、超対称性粒子のいくつかはテラ電子ボルトエネルギー領域にその姿を現すと予想された。

新しい千年紀の初めに、フランスとスイスの地下五〇〇フィート（約一五〇メートル）を超える場所に、LHCが形を現し始めた。LHCの目的が、電弱ヒッグス粒子を見つける以上のものとなって

（注5）ニュートラリーノは、フォティーノ、ズィーノ、中性ヒグシーノの組合わせからできている。参考文献19、Kaneの一五八ページを参照。

いることは明らかであった。実際ＭＳＳＭが予言するように、数種類のヒッグス粒子、または超対称性粒子があるかもしれないのだ。それは標準モデルを越えて押し進むことであり、万物が何からできていて、宇宙がどのように成り立っているのかを理解することがわれわれにできるかどうかということだ。

二〇〇〇年一二月にＬＥＰを解体する作業が始まった。四万トンの資材が取除かれなければならなかった。二〇〇一年一一月までにトンネル内はすっかり空になった。測量士たちは、ＬＨＣの部品の位置決めをするために必要な七千箇所の最初の場所に、印を付け始めた。

やむを得ない遅れが生じた。二〇〇一年一〇月にマイアーニは、かなりの予算超過となることを認識した。その結果、予算の制限によって計画の完成時期が一年遅れ、二〇〇六年の予定が二〇〇七年になった。ちょうどＳＳＣを建設しようという実を結ばなかった計画で米国人たちが気付いたように、超伝導マグネットの新しい技術には予想されたよりかなり多くの予算を食いつぶす傾向があったのだ。

超伝導マグネットをマイナス二七一・四度に冷やすことのできる世界最大の冷却システムの建設は、二〇〇六年一〇月に完成した。一七四六台の超伝導マグネットの最後のものが、二〇〇七年五月に設置された。

ＬＨＣはＬＥＰのために用いられた二七キロメートルのトンネル内に設置されたが、新しい実験装置が入る場所を作るため、さらに掘削工事を行う必要があった。ＬＨＣの元々の計画では、四つの実験装置が予定されていた。それらは、トロイド型ＬＨＣ実験装置（A Toroidal LHC Apparatus, ATLAS）、小型のミューオンソレノイド（Compact Muon Solenoid, CMS）、大型イオンコライダー実験（A Large Ion Collider Experiment, ALICE）、ＬＨＣビューティ（Large Hadron Collider beauty, LHCb）だ。ＡＬＩＣＥは重イオン（鉛の原子核）同士の衝突を研究するために設計され、ＬＨＣｂはボトムクォーク物理を研究するために特別に設計された装置であった。

その後、これらよりはずっと小さい二つの実験装置がさらに加わった。全弾性・回折断面積測定（TOTal Elastic and diffractive cross-section Measurement, TOTEM）は、陽子に関する非常に高精度の測定を行うように設計された装置で、ＣＭＳ検出器の中心で陽子が衝突する点の近くに設置された。最後のものはＬＨＣ前方検出器（Large Hadron Collider forward, LHCf）で、その目的は陽子－陽子の衝突で陽子ビームの線上ぎりぎりの「前方」領域に生成された粒子を調べることだ。ＡＴＬＡＳのそばに置かれ、ビーム交差点を共有している。

汎用検出器のＡＴＬＡＳとＣＭＳは、ヒッグス粒子の探索、そして超対称性粒子の存在の兆候となり暗黒物質の謎を解明するかもしれない「新物理」の探索を目的としている。ＡＴＬＡＳ検出器は、ＬＨＣからの陽子ビームが交差する点のまわりに、ビーム軸を中心軸としてだんだん大きくなってゆく一連の円筒状の検出器で構成されている。内部検出器の機能は荷電粒子の飛跡を捉えることで、それにより粒子の同定や運動量の測定が可能になる。内部検出器を取囲んでいるのが大きなソレノイド（コイルの形状をした）超伝導マグネットで、荷電粒子の飛跡を曲げるために用いられる。

図 24　ATLAS 検出器は，ドーナツ形をしたトロイド磁場を発生する超伝導マグネットを用いており，8 本の“バレル部コイル”と二つの“エンドキャップ部”から構成される．これらは世界最大の超伝導マグネットである．出典：著作権は CERN.

その外側に置かれているのが電磁カロリメーターとハドロンカロリメーターだ。荷電粒子や光子、ハドロンを吸収して、それらがつくる粒子シャワーから粒子のエネルギーを推定する。ミューオンスペクトロメーターは、その内側にある検出器を通り抜けてくる、非常に貫通力の高いミューオンの運動量を測定する。その測定には、ドーナツ形をしたトロイド磁場を発生する超伝導マグネットを用いており、八本の「バレル部コイル」と二つの「エンドキャップ部」から構成される。これらは世界最大の超伝導マグネットである（図24を参照）。

ニュートリノは、ATLASでは直接検出することはできないが、その存在は衝突した粒子と検出した粒子のエネルギーのアンバランスさから推定できる。

したがって検出器は「密閉」型である必要があり、ニュートリノ以外はどんな粒子ももれなく検出できなければならないのだ。

ＡＴＬＡＳ検出器は、長さ約四五メートル、高さ二五メートルで、これはパリのノートルダム寺院の約半分の大きさだ。その重さは約七千トンで、エッフェル塔、あるいは７４７ジャンボジェットの機体百台に相当する。イタリア人物理学者ファビオラ・ジャノッティ率いるＡＴＬＡＳ共同研究チームは、異なる三八カ国の一七四の大学・研究所からの三千人の研究者で構成されている。

ＣＭＳは異なる設計でできているが、同じような能力をもっている。内部検出器は、シリコンピクセル検出器とシリコンストリップ検出器で作られた飛跡測定システムで、荷電粒子が通った位置を測定して、その飛跡を再構成する。ＡＴＬＡＳ検出器と同様に、電磁カロリメーターとハドロンカロリメーターは荷電粒子、光子、ハドロンのエネルギーを測定する。ミューオンスペクトロメーターは、カロリメーターを通り抜けてくるミューオンを捉える。

ＣＭＳ検出器が「小型」というのは、大きなソレノイド型超伝導マグネットを一台だけ使っており、ＡＴＬＡＳに比べて小さいという意味である。しかし実際それはかなり大きくて、長さ二一メートル、幅一五メートル、高さ一五メートルもある（図25を参照）。ＣＭＳのウェブサイトによれば、ＣＭＳ検出器が設置されている地下実験ホールは「あまり快適にではないが、ジュネーブの住民全員を収容できる大きさ」だそうだ（出典5）。イタリア人物理学者のグイド・トネリが率いるＣＭＳ共同研究地チームも、三八カ国の一八三の研究機関からの三千人の研究者と技術者から構成されている。

ＡＴＬＡＳとＣＭＳの検出器部品の建設と地下実験ホールの掘削工事は、一九九七〜八年にかけて

図 25　建設中の CMS 検出器を訪れたピーター・ヒッグス（左側）．一緒に写っているのは CMS 実験代表者のテジンダー・ヴァーディ．出典：著作権は CERN.

始まった。両検出器の組立てが完成したのは、二〇〇八年前半であった。

二〇〇八年八月には、二七キロメートルにわたるLHCの全部が運転温度にまで冷やされた。LHCの運転には、全部のマグネットを一万トン以上の液体窒素と一五〇トンの液体ヘリウムで完全に満たす必要があった。

LHCのスイッチを入れる用意ができた。

「すばらしい瞬間だ。」二〇〇八年九月一〇日、LHC計画責任者のリンドン・エバンスは明言した。「いまやわれわれは、宇宙の起源と発展について理解する新しい時代を迎えることができるのだ。」(出典6)

不幸にも、エバンスの喜びは長続きしなかった。LHCのスイッチは、現地時間で午前一〇時二八分に入れられた。小さな加速器制御室にすし詰めになった物理学者たちは、モニターに一点の閃光が現れたとき、歓声をあげた。それは高速の陽子が、ちょうど絶対温度二度の運転温度に保たれた二七キロメートルの加速器リングを、一周したことを意味していた。あまりぱっとしないものではあったが（推定十億人がこの瞬間をテレビで見ていたと考えられるにしては拍子抜けのようでもあった）、それは大勢の物理学者、技術者、建設作業員による、二〇年にわたる惜しみない努力の極致を象徴するものであった。

その日の午後三時には、別の陽子ビームがリングを反対方向に周回した。その後しばらくして問題が発生した。ほんの九日後に、二つの超伝導マグネットの間を接続する電送線がショートしたのだ。放電が生じ、マグネットのヘリウム容器に穴を開けた。ヘリウムガスがＬＨＣトンネルのセクター3–4（ＬＨＣを八等分するポイント間のセクターの一つ）の中に漏れ出た。そしてそれに続く爆発で、五三台のマグネットが破損し、陽子ビームが通る真空のチューブはすすで汚染された。

予定されていた冬の運転休止期間前に修理できる希望はまったくなかった。再開は一時的には二〇〇九年春と設定された。しかしより多くの問題もあった。二〇〇九年二月にシャモニーで行われた会議で、ＣＥＲＮ幹部はさらに修理・改善の作業をすることを決定した。

再開の日付は後退することになった。

第十章　シェイクスピアの問い

LHCは（リン・エバンスを除いた）誰もが予期した以上の性能を上げ、一年分のデータを数カ月でとり、そしてヒッグス粒子の隠れる場所が尽きたこと

LHCの八つのセクターの最後のものが冷却され始めたのは、LHCの運転スイッチが初めて入れられてからほぼ一年が過ぎた二〇〇九年九月初めであった。一〇月末には、八つのセクターすべてが運転温度に戻った。そして一一月にLHCは運転再開された。冬の間は電気代が高いにもかかわらず、二〇〇九～一〇年にかけての冬の間中コライダーは運転された。それはおもに、CERNの物理学者たちが、やはり興味をそそるヒッグスの兆候を出していたフェルミ研究所のテバトロンの競争相手に対し、先行しようとするためであった。

二〇一〇年の最初の数カ月間、陽子はLHCの二つのリング内を逆方向にまわり、三・五テラ電子ボルトに加速されたが、陽子同士の正面衝突はまだであった。最初の七テラ電子ボルトの衝突が記録されたのは三月三〇日であった。その衝突エネルギーを保ったまま、ビーム強度とルミノシティが徐々に上げられていった。ATLASとCMSは両方とも、多くのおなじみの粒子と同定される事象を記録した。これまで六〇年以上かけて発見してきたひとそろいの標準モデルの粒子が、ほんの数カ

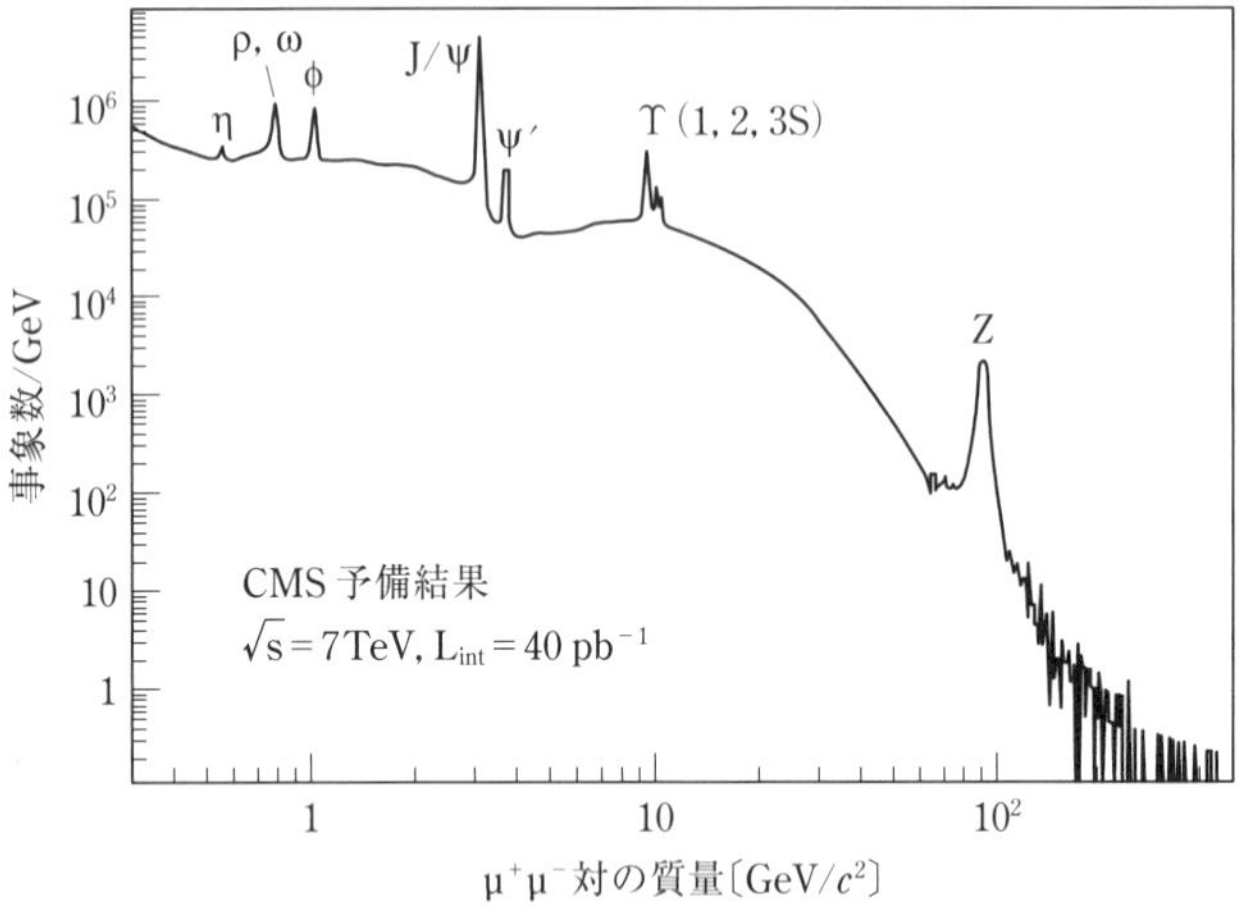

図 26　2010 年の 7 TeV 運転の最初の数カ月で，ATLAS および CMS 共同研究チームはどちらも，すでに知られている一連の標準モデル粒子の候補事象を記録した．CMS 共同研究チームによるこの図は，それぞれ異なるエネルギーをもつミューオンと反ミューオンの対生成を通して明らかにされた J/ψ，ウプシロン（ϒ，ボトムクォークと反ボトムクォークで構成された中間子），Z^0 粒子の証拠を示している．出典：著作権は CERN と CMS 共同研究チーム．

月のうちに記録されたのだ。それらは、一九五〇年に初めて発見された中性パイ中間子、イータ（η）、ロー（ρ）、ファイ（ϕ）などアップ、ダウン、ストレンジクォークのいろいろな組合わせでつくられる中間子や、J／ψ粒子、ウプシロン（ϒ）、そしてW粒子とZ粒子だ（図26を参照）。七月にはトップクォークを含む新しいデータも記録された。

二〇一〇年七月八日、イタリア人物理学者のトマソ・ドリゴは、軽いヒッグス粒子の証拠がテバトロンで発見されたという噂を、ブログで報告した。その噂はたちまちインターネット上に広がり、ニュース報道によって取り上げられた。それはほとんどすぐフェルミ研究所によって否定され、「ツイート」上で、「有名になりたがっている一人のブロガーによって広められた噂」として、そっけなく言及された(出典1)。その後ドリゴは、噂を広めたことを弁明しようとして、こう主張した。「…十年に一度、革新的な発見が実際本当になされたときに、それを声高らかに言い、それ以外の時間は黙っているよりも、後で消えるかもしれない発見の兆候を伝えて、素粒子物理を常にメディアに出しているほうが重要なのだ(出典2)。」

よかれあしかれその噂は、フェルミ研究所とCERNの間の競争の高まりと、近々何かが発見されそうな期待感の高まりを表すものであった。以前レーダーマンは、CERNが発表するどんな将来の発見でも、それを見るときには複雑な感情を抱くだろうと認めた。「それはあなたの義理の母親が、あなたのBMWに乗って、崖の上を運転しているようなものだ。」と彼は言った(出典3)。

ドリゴのブログ投稿は、「三シグマ」の証拠の噂に言及したものだった。三シグマ（σ）の証拠とは、実験データの信頼度を反映する統計学的基準であって(注1)、信頼度が九九・七パーセント、言い換えれば、データが間違っている確率が〇・三パーセントあることを示す。このような値の信頼度はかなり説得力があるように聞こえるだろうが、「発見」の宣言を保証するために物理学者たちが実際に課しているのは、五シグマのデータ、すなわち信頼度九九・九九九九パーセントなのである。

ヒッグス粒子がつくられて崩壊する過程を含む衝突事象は極めてまれであると考えられており、五シグマのデータを得るためには、非常に多くの候補衝突事象を記録する必要がある。したがって粒子

（注1）　もちろん噂自体には、そのような統計学的基準はない…

ビームの**ルミノシティ**が鍵となる。ルミノシティが高ければ、一定期間内の衝突数を多くでき、潜在的な候補衝突事象も多くなる（注2）。実のところ、ルミノシティを時間で足し上げた積分ルミノシティが、候補衝突事象数に直接関係しているのである。

積分ルミノシティは、「バーン」の逆数（b^{-1}）というあまりなじみのない単位で表される。物理学者たちは、原子核反応の頻度を「断面積」の形で測り、平方センチメートル（cm^2）の単位で表す。仮想的な二次元の「窓」を考え、それを通して反応が起こるとしたとき、断面積はその窓の大きさを表すと考えることができる。窓が大きければ、反応は起こりやすい。反応が起こりやすければ、反応はより速く起こる。原子サイズの断面積の大きさは、概ねある数に10^{-24} cm^2をかけた程度だ。ウラニウム原子を含む反応の断面積が非常に大きなものであることがわかったとき、マンハッタン計画のある物理学者が「納屋（barn）ほど大きい」と評したことから、後々断面積の単位として使われるようになった。断面積が、ある数に10^{-24} cm^2をかけた大きさというのを、ある数にバーン（b）を付けて表すのである。一ピコバーン（pb）は、一バーンの一兆分の一（10^{-12} b）、あるいは10^{-36} cm^2だ。一フェムトバーン（fb）は一バーンの千兆分の一（10^{-15} b）、あるいは10^{-39} cm^2である。

二〇一〇年一二月八日のフランス、エビアンで行われたＣＥＲＮ会議において、ジャノッティはヒッグスを見つける展望についてまとめ、ＬＨＣとテバトロンの間の競争について両者の比較を行った。単純な統計から言えば、テバトロンは二〇一一年の終わりまでに積分ルミノシティ10 fb^{-1}（10^{16} b^{-1}、あるいは10^{40} cm^{-2}）を貯めたとしても、ある限られたエネルギー範囲のヒッグス粒子に対しては、三シグマの証拠よりよい結果を出すことができない。より強力なＬＨＣは、ヒッグスの質量にもよるが、原理的には1 fb^{-1}から5 fb^{-1}の間で三シグマの証拠を出すことができるというものだ。

二〇一一年一月一七日、米国エネルギー省はテバトロンの予定に関し、二〇一一年末を超える延長には予算措置しないと発表した。この決定は、ヒッグスに対する競争の終わりを告げるものではなかったが、高エネルギー物理の最先端の主導権がフェルミ研究所からCERNへ移行するのは避けられないことを認めたものであった。

もともとのLHC運転計画では、二〇一二年は運転休止期間を延長して、陽子ビームエネルギーを高め、設計値の衝突エネルギー一四テラ電子ボルトを達成するのに必要な作業を行う予定であった(注3)。ヒッグスの発見まであと一歩と考えられる状況となり、二〇一一年一月、CERN幹部は運転休止期間を延期し、LHCの運転を衝突エネルギー七テラ電子ボルトのまま二〇一二年一二月まで続けることに同意した。衝突エネルギーを八テラ電子ボルトに高める可能性もあったが、まだ危険過ぎると判断された。そのかわり、ビームルミノシティを増強する策が講じられた。

(注2)　ルミノシティは、衝突点で絞られるビームの粒子数の尺度であり、したがって潜在的な衝突数の尺度となる。衝突点ではすべての粒子が実際衝突するわけではないが、ルミノシティは実際に起こる衝突数の予測値を与えるのである。

(注3)　この長期運転休止期間が必要と判断されたのは、主要な超伝導マグネット間の二万七千箇所にものぼる接続部を開けて、修理し、七テラ電子ボルトの陽子ビームを供給するために必要な大電流に耐えるよう、しっかりと固定するためであった。

「もし自然がわれわれにやさしいのなら、そしてヒッグス粒子がLHCの現在の範囲内に質量をもっていてくれるのなら、」CERN所長のロルフ・ホイヤーはその決定について語った。「われわれは二〇一一年中にその兆候を見つけるのに十分なデータを得ることができるだろうが、発見とまではいかない。二〇一二年も運転することで、その兆候を発見に変えられるのだ。」(出典4)

舞台は整った。

かつてアインシュタインの秘書のヘレン・デュカスが、相対性についての簡単な説明を教えてくれるよう、アインシュタインに頼んだことがある。それは彼女が記者たちから受ける多くの質問に答えるのに使えるようにという理由だ。彼はしばらく考えてから、こう助言した。「公園のベンチできれいな女の子と座っている一時間は一分間のように思える。だが熱いストーブの上に座っている一分間は一時間のように思える。」(出典5)

フェルミ研究所やCERNの共同研究チームの数千人の科学者の間では、緊張と興奮は高まるばかりであった。この一〇年以上、素粒子の発見はなかった。LEPコライダーでヒッグスが「垣間見えて」から一一年近くが過ぎた。そしてようやく新物理の約束されるときがすぐそこまで近づいてきており、息苦しくなるほどだ。それは何なのだろう? 6カ月? 1年? 2年? これは間違いなく「熱いストーブ」の状況だ。

ダムが決壊するのは、多分避けられなかったのだろう。コロンビア大学の数理物理学者のピーター・ウォイトは、現代のストリング理論を批判する『間違ってすらいない』という大当たりした本を二〇〇六年に出版してから、高エネルギー物理学に関するブログを立ち上げていた。二〇一一年四月二一日に彼は、ATLASの内部議論用論文の要旨を含んだ匿名の投稿を受取った。その論文は、一一五ギガ電子ボルトの質量をもつヒッグス粒子の四シグマの証拠を見つけたと主張していた。

それはデマではなかった。その論文は、サウラン・ウー率いるウィスコンシン大学マディソン校のATLAS物理学者たちからなる小チームによって書かれたものであった。かつて彼女は、LEPが終了する二〇〇〇年にヒッグスを「垣間見た」Aleph共同研究チームに参加していた。したがって、彼女がそのときに見た兆候のエネルギー領域を探してみようとしたのは偶然ではなかった。

しかし問題が二つあった。最初のは物理の問題だ。その粒子は、二〇一〇年および二〇一一年初めに集められた合計約 64 pb^{-1} のデータの中の、いわゆる**二光子質量分布**で観測された。

LHCで起こる七テラ電子ボルトの陽子–陽子衝突は、実際にはクォークとクォークの衝突やグルーオンとグルーオンが融合する過程などを含んでおり、そこから理論上はヒッグス粒子がつくられることもある。ヒッグス粒子が何に崩壊するかはその質量によっている。大きな質量のヒッグスは、二つのW粒子や二つのZ粒子に崩壊するチャンネルを含む。しかし一一五ギガ電子ボルトのヒッグスは、これらのチャンネルに崩壊するにはエネルギーが不足しているので、他のチャンネルに行くことになる。それらのうちの一つが、二つの高エネルギー光子が発生するチャンネルで、この過程は $H \rightarrow \gamma\gamma$ と書かれる。

問題は、その観測された共鳴状態が、この特定のチャンネルに対する標準モデルの予測より約三〇倍も大きいことだった。

標準モデルによれば、ヒッグスが二光子に崩壊する過程は、いわゆるW粒子の「ループ」を通して起こる割合が最も多い。これはヒッグス粒子がまずW粒子対に崩壊して、二光子を放出した直後にW粒子が対消滅するものである。結論としては、この崩壊チャンネルは非常にまれにしか起こらないと予測される。可能なすべての崩壊ルートの中の約〇・二パーセントにしか相当しないのだ。もしこれが本当にヒッグスだったとすると、この二光子への崩壊は何らかの理由で非常に増えていることになる。これを説明するには他の新粒子、たとえば第四世代かあるいはさらに第五世代のクォークとレプトンのようなものを持込む必要があるだろう。

二つ目の問題は、発見の状態に関するものである。リークされた論文はATLASコミュニケーション、あるいは「COM」ノートとよばれる内部書類であった。それはまだチェックされておらず、グループの承認も得られていない結果を、議論のために共同研究チーム内に素早く回覧することを目的とするものなのだ。ATLASグループの「公式」見解と解釈できるようなものではまったくない。その後の精査や再解析でこの結果が完全に消えてしまうかもしれず、正式な論文が書かれるまでには長い時間がかかるのである。

リークされたCOMノートのニュースは、長いイースター週末の直前に「ブログ圏」に登場し、数日間高エネルギー物理のブロガーたちや彼らのフォロアーの間で議論が交わされた。ドリゴは二〇〇九年に、ヒッグス発見のニュースは最初ブログ投稿に現れると予言していた。彼はその予言が確かめられたと感じたが、それがヒッグスかどうかについては非常に懐疑的であった。そして、さらにデータが増えたとき、二光子崩壊チャンネルで一一五ギガ電子ボルトの新粒子が出てこないほうに千ドルを、出てくるほうに五百ドルを出そうと申し出た。

四月二四日、復活祭の日曜日にこの話は英国の主流メディアによって取り上げられた。ユニバーシティ・カレッジ・ロンドンに所属するATLAS物理学者のジョン・バターワースは、英国のチャンネル4ニュースで偏りのない報告をした。彼は言った。「ここで何が起きたかというと、一握りの人たちが四日間寝ずに、いくつか分布図を作り、少し興奮し過ぎたのだ。そしてそれらを内部用ノートとして共同研究チーム内に送った。それはよい。みんなが興奮した。だが不幸にして外部に漏れたのだ。今そこは非常にエキサイティングな場所なのだ（出典6）。」翌日の新聞紙上でこの話は広く報じられた。

ガーディアン紙のブログで、バターワースはこのテーマについて発展させた。「科学的な取組みを分離したまま保つことが困難なときもある。そしてもしわれわれ自身の頭を明晰な状態に常に保っていられないのなら、外部の人も興奮させてしまうのは驚くことではない。われわれが内部で厳密なチェックをしているのはそのためなのだ。別のチームが同じ解析をやり直したり、外部の専門家に検討してもらったり、実験を繰返したりするのだ（出典7）。」

反撃の噂がすぐ後に現れた。四月二八日にフランスの高エネルギー物理ブログが、より多くのデータを解析したところ、ATLASの物理学者たちはヒッグスの証拠がすぐ消えてしまうことを見つけたと主張した。五月四日、ニュー・サイエンティスト記者のデヴィッド・シガはオンラインニュース記事で、CMS共同研究チームからリークされた書類を見たと述べた。彼らのデータを調べたところ

「何もなかった」というものだ(出典8)。このようなリークを通して、ATLASやCMS共同研究チーム内では噂があちこち飛び回る光景が見られた。

五月八日にATLAS共同研究チームは公式の最新情報を発表した。二〇一〇年と二〇一一年の全データ132 pb^{-1}を解析した結果は、まったく何もなかったというものだ。二光子の質量分布にピークは見られなかった。バターワースはその後のブログ投稿で、この何もないという結果はまったく驚くべきことではないと説明した。標準モデルの予測ではまだ何も見えるべきではないが、何かが「近々」見つかるかもしれない。「だから二光子の質量分布に注目していてもらいたい、」彼は書いた。「しかしシャンパンを開けるのは確実な結果が出るまで待ってほしい(出典9)。」

あまり長く待つ必要はないように思われた。四月二二日の真夜中にLHCは瞬間的なルミノシティの世界新記録を立てた。その値は4.67×10^{32} $cm^{-2}s^{-1}$、あるいは毎秒467 μb^{-1}(マイクロバーン(μb)は百万分の一バーン)というものであった。その夜の担当技術者であったローレット・ポンセは、子供のころCERNを訪れたことがあり、彼女の博士号の研究は一九九九年からこの研究所で行った。「いつの日かLHCにビームを入れるボタンを押すのが私だなんて、当時想像もしなかったわ。」と彼女は言った(出典10)。

そのときは真夜中だったので、CERN制御室でその瞬間を目撃したのは数人しかいなかった。ポンセは大声で叫び、ティーンエイジャーのように腕を宙に振りながら踊った。

このルミノシティの劇的な増加は、LHCの中を回るそれぞれのビームにSPSから入射する陽子バンチの数をますます増やしていくことによって達成された。五月三日には、ビーム当たりのバンチ数は七六八となり、ピークルミノシティはさらに増えて毎秒 880 μb^{-1} に達した。五月の終わりには、ピークルミノシティ毎秒 1260 μb^{-1} が記録された。

全体的視野で眺めてみると、七テラ電子ボルトでの非弾性陽子-陽子衝突の断面積は約六〇ミリバーン（〇・〇六バーン）だ。したがって瞬間的なルミノシティ毎秒 1260 μb^{-1} は、一秒間に $1260 \times 10^6 \times 0.06$ つまり七千五百万を超える回数の衝突が起こっていることを意味する。七テラ電子ボルトでのヒッグス粒子生成の断面積を九ピコバーンとしてみると(注4)、この瞬間的なルミノシティ値は、$1260 \times 10^6 \times 9 \times 10^{-12} = 0.011$ 個のヒッグス粒子が毎秒生成されることを意味する。すなわち平均九〇秒に一個ヒッグス粒子がつくられていることになる。

リークをめぐる騒ぎは、「影響の大きい」結果が正式に発表される過程に対する関心をかき立てた。ＣＥＲＮ広報室長のジェームズ・ギリースはニュー・サイエンティストに、そのようなどんな結果も、まずそれを発見した共同研究チーム（ＡＴＬＡＳあるいはＣＭＳ）の中で議論して合意し、それからＣＥＲＮ所長に伝えられる、と説明した。次にもう一つの共同研究チームに伝えて、その結果の確証を得る。その次は他の研究所の長やＣＥＲＮの運営資金に貢献している個々の加盟国に知らせ

（注4）　これはＬＨＣヒッグス断面積ワーキンググループによって報告された衝突エネルギー七テラ電子ボルトでの推奨値に基づいている。グルーオン-グルーオン融合過程によるヒッグス生成断面積の計算値はヒッグスの質量に依存する。一一五ギガ電子ボルトの質量のときは約一八ピコバーンで、二五〇ギガ電子ボルトでは約三ピコバーンとなる。ヒッグスのこの質量範囲での平均は約九ピコバーンである。

る。結果の発表は、ＣＥＲＮで催されるセミナーというかたちで行う。このころまでには何千人もの人が知っていることだろう。次に続くリークは非常に可能性が高いばかりでなく、ほとんど避けがたいように思われた。

では次にダムが決壊するのはどこだろう？

六月一七日までにＬＨＣは、節目となる1 fb^{-1} のデータをすでにそれぞれの検出器共同研究チームに提供した。これは二〇一一年全体で提供するとしていた積分ルミノシティの目標値であった。「目標を低く設定し過ぎていたとは思わない。」ホイヤーは所員に対する年半ばの談話の中で説明した。「目標は現実的な値に設定したと思うが、楽観的なものではなかった。私は生まれながらの楽観主義者で、これは自分に言わなくてはならないことだが、加速器は予想よりもよく動いた。」（出典11）

しかしリン・エバンスにとっては、これは本当の驚きではなかった。「ＬＨＣは、私以外の誰もが予想するよりずっとよく動いた。私はとても嬉しい。」と彼は明言した（出典12）。エバンスは一九六九年にＣＥＲＮに着任した。ＬＨＣ計画には、その初めの一九八四年のローザンヌ研究会から参加しており、一九九三年からは彼が計画を率いた。これまでの旅路を思えば、感動もひとしおであっただろう。

ＡＴＬＡＳとＣＭＳ両方にこれだけ多くのデータが提供されて、期待は空前の高まりを見せた。これだけあれば、質量範囲一三五～四七五ギガ電子ボルトのヒッグス粒子に対し、三シグマの証拠が期待される。あるいは、一二〇～五三〇ギガ電子ボルトの範囲のヒッグスを九五パーセントの信頼度で棄却できる。このまま行けば二〇一二年の終わりには、この問題はどちらにせよ解決しているだろうと思われた。

「私の考えでは、ヒッグスに対するシェイクスピアの問い——to be, or not to be——に対する答えは、次の年の終わりに出るだろう。」ホイヤーは言った（出典13）。

次に人々の注目を浴びたのは、七月二一日にフランスのグルノーブルで始まる予定の、ヨーロッパ物理学会（ＥＰＳ）高エネルギー物理学会議であった。


ＥＰＳ会議は、ＡＴＬＡＳとＣＭＳ共同研究チームにとって、1 fb^{-1}のデータでそれぞれ何を見つけたか比べてみる最初の機会となった。共同研究チームがデータをとってから事実上数週間のうちに結果を発表できたことは、何百人もの物理学者たちが疲れを見せず、ほとんど睡眠もとらずに、解析を精魂こめて行った証しである。

ヒッグス粒子（複数個かもしれない）が存在するとしても、それ自体がすぐに「発見」されるわけでないことは明らかであった。それよりまず先に、探索によってヒッグスの可能な質量範囲が除外される。探索を進めてゆくことで、質量範囲はさらに小さく狭められ、最後はヒッグス粒子の隠れる場所が尽きるのだ。

ＡＴＬＡＳ共同研究チームは1 fb^{-1}のデータで、標準モデルヒッグス粒子の質量範囲一五五〜一九〇ギガ電子ボルトの間と二九五〜四五〇ギガ電子ボルトの間を九五パーセントの信頼度で棄却した。これ自体すでに効果的な結果であった。このように広い範囲にわたって何もないことを見いだしたのは、猫をいくつかの異なる理論的な鳩の中に置いたようなものだ。その鳩のうちのほとんどは、標準モデルを越える物理に関わるものだ。

しかしそれ以上のことがあった。ATLASのデータは、一二〇～一四五ギガ電子ボルトの間にバックグラウンドを超える事象の超過を示していた。これにはいくつかの原因が考えられた。たとえば、解析の間違い、バックグラウンド事象が正しく見積もられていないか、計算されていないことからくるばらつき、もしくは検出器からくる系統的な不定性などだ。あるいは、何かの最初の兆候という可能性もあった。このエネルギー領域に潜んでいるのは、標準モデルヒッグス粒子か、ひょっとすると複数個のヒッグス粒子かもしれないのだ。

事象の超過が見られたのは、おもに二つの異なるヒッグス崩壊チャンネルにおいてであった。一つ目は、ヒッグスが二つのW粒子に崩壊し、それらがさらに二つの荷電レプトンと二つのニュートリノに崩壊するもの（$H \to W^+W^- \to \ell^+\nu\ell^-\bar{\nu}$と書かれる）(注5)、二つ目は、ヒッグスが二つの$Z^0$粒子に崩壊し、それらがさらに四つの荷電レプトンに崩壊するという（$H \to Z^0Z^0 \to \ell^+\ell^-\ell^+\ell^-$と書かれる）(注6)、比較的小さな寄与をするものだ。一つ目のものは、十分大きな質量の標準モデルヒッグスに対し、最も有力な崩壊チャンネルの一つと期待される。しかしもちろんこのようにして生成されるニュートリノと反ニュートリノは検出できないので、推測するしかない。それゆえ本物のヒッグス事象をバックグラウンドから見分けるのが難しいのだ。その結果、このチャンネルのデータからはヒッグス質量の範囲しか出すことができないのである。

二つ目のチャンネルはもっとずっときれいである。実際この過程は「ゴールデン」チャンネルとよばれている。それは、ほぼ完全にバックグラウンド事象の影響がなく、ヒッグス質量を非常に正確に測定する可能性を秘めているからだ。このチャンネルは非常にまれでもある。ヒッグス粒子が千個崩壊するうち、このように崩壊するのは約一個しかない。

ＡＴＬＡＳの合計データの中でバックグラウンドを超えて観測された事象の超過は、ちょうど二・八標準偏差、すなわち二・八シグマであった。これは三シグマの「証拠」には若干届かず、発見を宣言できる五シグマからは遠く離れたものだった。それでも強い示唆ではあった。ＣＭＳは何を見つけたのだろう？

ＣＭＳ共同研究チームは、一四九～二〇六ギガ電子ボルト、二〇〇～三〇〇ギガ電子ボルトの大部分、三〇〇～四四〇ギガ電子ボルトの範囲を九五パーセントの信頼度で棄却したと発表した。ＣＭＳの合計データもまた一二〇～一四五ギガ電子ボルトの間に興味深い事象の超過を示していた。その統計の有意性を評価するのは困難であったが、ＡＴＬＡＳが出した値よりはやや低めであった。

これは電撃的であった。ＡＴＬＡＳとＣＭＳは互いに競争関係にあり、会議前には別々に、秘密裏にデータ解析を行ってきたが、両方ともほとんど同じものを見つけたのだ。

（注５）　レプトンとニュートリノは組になって生成される。たとえば、W^-粒子は電子またはミューオンとそれに対応する反ニュートリノに崩壊し、W^+粒子は陽電子または反ミューオンとそれに対応するニュートリノに崩壊する。

（注６）　同様にここでもレプトンは組になって生成される。電子は陽電子と組になり、ミューオンは反ミューオンと組になる。

だがまだ遠い道のりが待っていた。これらの報告の後、ＡＴＬＡＳとＣＭＳ共同研究チームの何人かが集まり、一緒にシャンパンで祝杯をあげ、そして次にやるべきことについて議論した。小さなワーキンググループを立ち上げて、二つの共同研究チームの結果を足し上げ、そして新しいデータを加えて、より確かな判断ができるようにしようというものだ。

ＬＨＣは自分自身の記録を塗り替え続けた。七月三〇日にはピークルミノシティが毎秒2030 pb^{-1}に到達した（これは毎秒一億二千万回以上の陽子－陽子衝突に相当する）。不安定性の問題はあったものの、コライダーは八月七日までにＡＴＬＡＳとＣＭＳの両方に2 fb^{-1}以上のデータを供給した。ＥＰＳ会議で発表したときと比べ、データ量は二倍に増えたのだ。

足し上げた結果と新しいデータ解析の結果は、次の大きな夏の国際会議に間に合った。それはインドのムンバイにあるタタ研究所で八月二二日から開催される予定の、第一五回高エネルギーレプトンフォトン国際シンポジウムであった。

シェイクスピアの問いに対する答えは、数カ月のうちに得られるであろうと思われた。

かつてアインシュタインは言った。「神は老獪だが、悪意はもたない（注7）。」ヒッグス探索物語の次の章は、過度に悪意をもった神の存在を表すものではないだろうが、その後の展開を見ると、ある程度のいたずらっぽい機知をもった神を責めることは妥当となるであろう。

ムンバイ会議の数週間前、ＡＴＬＡＳとＣＭＳのデータを足し上げると、ヒッグス粒子がエネルギー一三五ギガ電子ボルト付近にかなり明瞭に見えてきたという噂がブログ圏に流布し始めた。それは三シグマよりずっと大きな有意性で、ヒッグス崩壊事象の超過を示唆しているように思われた。期待はさらに膨らんだ。三シグマの証拠は「発見」を意味するものではないが、その結果の最も近くにいる物理学者達の自信のほどから、彼らが本当に「それ」だと信じているかどうかを判断することは可能であっただろう。

ムンバイ会議が始まる予定の数日前、雨の木曜午後に、私はエディンバラでピーター・ヒッグスに会った。ヒッグスは一九九六年に退職したが、彼はエディンバラにとどまり、彼が一九六〇年に初めて数理物理学の講師となった大学の学科の近くに住んでいた。彼は八二歳、元気でいた。私たちは彼の同僚で友人のアラン・ウォーカーと一緒にコーヒーショップで、彼の経験や近い将来の希望などについて話した。

ヒッグスは一九六四年に、彼の名前が付く粒子に永遠に結び付けられることになる論文を発表した(注8)。彼はその粒子に対する何らかの証拠が得られるまで四七年間待った。私たちはムンバイ会議の見通しと、何か重大なことが報告されそうな期待が持たれる根拠について話した。「(一九六四年)当時の私と現在の私を結び付けるのは難しい。」彼は説明した。「しかしそれが終わりに近づいてきて

(注7)　この言葉 'Raffiniert ist der Herr Gott. Aber Boshaft ist er Nicht.' は、アインシュタインを記念して、プリンストン大学ファインホールの一室にある暖炉の上の石に刻まれている。

(注8)　だが彼が予言した粒子は、一九七二年までヒッグス粒子として広く知られることにならなかった。

いて、私はほっとしている。このような長い時間の後に正しいと証明されるのは素晴らしいことだ。」（出典14）

ヒッグス粒子が発見されれば、必ずノーベル賞がヒッグス機構に対して与えられることになろう。ではそれに関係する、アングレール、ヒッグス、グラルニック、ハーゲン、キッブルのうち、ノーベル賞委員会によって認められるのは誰になるのか、議論は沸騰した（注9）。私たちは、ムンバイからの非常に肯定的な発表がもたらすことになる注目度の急激な高まり、それに続くスウェーデン・アカデミーによる何らかの発表について話した。エディンバラ大学の広報室はそれに深く関わっていたことだろう。そしてもしその手に負えなくなったとしたら、ヒッグスは直ちに電話の線をはずし、ドアベルが鳴っても応えないだろう。

しかしこのような非常手段が必要となるような電話は、今すぐにはかかってこないようだった。次の月曜日の八月二二日にムンバイ会議が始まったとき、ジェームズ・ギリースはCERNでプレスリリースを出した。グルノーブルで約束されたATLASとCMSのデータの足し上げについては言及されなかった。これら二つの会議にはさまれた期間中に集められた1fb^{-1}のデータを加えて更新してみると、ATLASとCMS両方が観測していた一三五ギガ電子ボルト付近の低い質量領域における事象の超過については、実際その有意性が低下していたのだ。「今回データを増やして解析した結果、これらのふらつきの有意性はやや減少した。」プレスリリースはかなり重々しく宣言した（出典15）。

これに失望しないのは難しかった。グルノーブルで発表された結果で浮かび上がった兆候が、ムンバイで発表された結果では有意性が下がってしまったのだ。八月までにそれぞれの検出装置に

$2\,fb^{-1}$以上のデータを供給したLHCの非常に優れた性能は、「シェイクスピアの問い」に思ったよりも早く答えられるのではという期待感を膨らませた。明らかに神は悪意をもつことにしたのだ。それほど簡単にはいかないのだ。

それぞれの検出器共同研究チームは一四〇兆個を超える陽子-陽子衝突のデータを獲得していたが、それでも物理学者たちはまだほんの一握りの超過事象と格闘していた。そして少ない数の統計は、ふらつきに大きく影響されやすい。小さな変化が大きな違いを生むこともあるのだ。

コインを投げる統計を例にとれば、非常に明快だろう。表あるいは裏が出る確率は五〇対五〇であることは皆知っている。しかし数回しか投げない場合を見てみると、表あるいは裏が連続して出てきたとしても驚かないだろう。これはコインが「正しくない」ことを意味するものではない。まだ正しい値が得られるほど十分な回数投げていないことを単に意味しているだけだ。データをもっとたくさん集めれば、どんな超過も次第に消えてゆくと期待される。

ムンバイで発表された結果は、まだ標準モデルヒッグスが存在しないことを意味してはいなかった。一一五から一四五ギガ電子ボルトの間のエネルギーでは依然として超過事象は見られたが、このエネルギー領域はLHCではかなり問題が多いとしてよく知られているものであった。

これに対してできることは一つしかなかった。より忍耐強く、より多くのデータを待たねばならな

（注9）　不幸にもロバート・ブラウトは、長い病気の後二〇一一年五月に亡くなった。ノーベル賞は死後には与えられない。そして毎回三人までの個人に対して分け与えられる。

いのだ。ヒッグスは四七年待った。あと数カ月など大したことではないだろう。

ＬＨＣは二〇一一年夏から秋にかけて期待以上の性能で運転を続け、ピークルミノシティは毎秒 3650 μb^{-1} に達した。陽子－陽子衝突の運転は一〇月三一日で終わり、それぞれの検出器共同研究チームは三五〇兆回の陽子－陽子衝突からのデータを 5 fb^{-1} 以上蓄積した。

しかしこの期間にはわずかながら問題もあった。ムンバイでの経験は信用を傷つけることになった。ムンバイ会議以降ＣＥＲＮからヒッグスに関する発表はなく、近々発表される予定もなかった。大分前に約束されたＡＴＬＡＳとＣＭＳのデータの足し上げはついに発表されたが、何も新しいことはなかった。七月の時点で得られていた 2 fb^{-1} のデータについてのみ言及されていたのだ。すでに合計データ量はその五倍以上になっていた。

そのかわりに興奮を巻き起こしたのは、中央イタリアのアペニン山脈にあるグラン・サッソ山の地下深くに設置されたＯＰＥＲＡ実験(注10)で研究を行っている物理学者グループによる、二〇一一年九月二三日の発表だった。彼らは、七三〇キロメートル離れたＣＥＲＮでつくられたミューオンニュートリノが地中を通り抜け、彼等の検出装置に到達したものをとらえ、その速度を苦心して測定したのだ。その結果は光速よりもほんのわずかに速いことを示唆していた。

超光速ニュートリノに関する論争が進展していたとき、他のＣＥＲＮ物理学者たちはどのようにしてヒッグスの未発見がまだ高エネルギー物理を前進させる重要な段階を表しているのか説明しようと躍起になっていた。もしヒッグス粒子が見つからなければ、それは確実に標準モデルの瑕疵となるものであり、理論家たちは振出しに舞い戻らなければならない。いくらそれが重要だと言っても、何もないことを見つけるのは、何かを見つけることとまったく同じではない。

かなり暗い展望の中、ＣＥＲＮ理事会がヒッグス探索の最新状況について議論するため、メンバー国の代表による会議をもつという発表をしたが、あまり興味をひくようには見えなかった。二〇一一年一二月一二日に予定された会議の初日は終わった。翌日に予定されていたジャノッティとトネリによる一般講演は、多少有望そうに見えた。とにかく何か面白いことを話してくれるのだろうか?

一二月一三日火曜日、世界各国のメディアがＣＥＲＮに集まった。ジャーナリストたちはかなり無味乾燥で技術的な発表を見て明らかに困惑気味であったが、それでも結論には非常に説得力があった。

ヒッグスの異なる崩壊チャンネルのうち、可能ないくつかのものからのデータを組合わせることにより、ＡＴＬＡＳ共同研究チームは、予想されるバックグラウンドの上に一二六ギガ電子ボルトの質量をもつヒッグス粒子による、三・六シグマに対応する事象の超過を観測した。ＣＭＳは、若干低めの統計的有意性ではあったが、一二四ギガ電子ボルト付近の質量をもつヒッグスによる、二・四シグマに対応する合計事象の超過を報告した。

だが物理学者たちは警戒を促した。「この超過はふらつきによるものかもしれない。」とジャノッ

（注10）　ＯＰＥＲＡはOscillation Project with Emulsion-tRacking Apparatus（感光乳剤飛跡検出装置を用いたニュートリノ振動計画）の略で、ＣＥＲＮとグラン・サッソ国立研究所（ＬＮＧＳ）との共同研究チームである。

ティは言った。「しかし何かもっと面白いものであるかもしれない。現段階では何も結論できません。より多くの研究とより多くのデータが必要です。今年のＬＨＣの非常に優れた性能からすれば、十分なデータを得るのに長く待つ必要はないでしょう。そして二〇一二年中にこの謎を解くことが期待できます。」(出典16)

ホイヤーは説明した。「(このデータは)二つの実験の数個のチャンネルにおいて興味をそそる兆候を示しています。しかし、どうか慎重にしてください。われわれはまだそれを発見してはいません。除外してもいません。来年に期待していてください(出典17)。」ジョン・バターワースはイギリスのチャンネル4ニュースで言った。「われわれはかなり興奮しています。それが非常に示唆に富んでいるように見えるからです。そしてロルフ・ホイヤーが言ったように、いくつかの別の所で同時に兆候が見え始めているからです。しかしわれわれはまだ、さいころをもう数回転がす必要があるのです。」(出典18)

ヒッグス自身も同じような感想を述べた。「まあ私は家に帰ってウイスキーのボトルを開けて悲しみに浸ることはしないが、同様に家に帰ってシャンパンのボトルをポンと開けることもしないね！」(出典19)

同じ日、ドリゴはブログ上で、この結果は一二五ギガ電子ボルト付近の質量をもつ標準モデルヒッグス粒子の「確固たる証拠」だと宣言した(出典20)。これに続いて、短い間ではあったが、ブログ圏で激しい論争が起こった。米国人理論家のマット・ストラスラーは、より保守的な見解をとり、ドリゴが「確固たる」という言葉を使ったことは正しいと認められないと議論した。「もし彼が『何らかの予備的な証拠』と言ったのだったら、それで済んだかもしれないが、これでは彼が一線を越えてし

まったように私には見えるのだ。」（出典21）

実のところ、物理学者たちは全体的には慎重さを促していたが、個人的にはかなり多くが賭けに出る用意があった。バターワースは私に説明した。「実際われわれには確かにデータが必要だが、私自身はこれに賭けようと思う。それはその人がどの位賭けが好きかどうかによっているのだ。」（出典22）

何はともあれ、そこには楽観的になれる何らかの根拠があった。ＬＨＣは二〇一二年の四月に陽子–陽子衝突物理を再開する予定であり、関心の的は再び夏の大きな国際会議に向けられた。

ＬＨＣの次の物理運転のパラメータは、二〇一二年二月にシャモニーで開かれた研究会で決定された。一年を通して大きな成功をおさめた運転の経験から、技術者たちは加速器の能力により一層大きな自信をもった。そして陽子–陽子衝突の全エネルギーを八テラ電子ボルトに上げることに同意した。このエネルギーにすれば、ヒッグスの生成率を三〇パーセントまで高めることが期待できる。バックグラウンドも増える効果を取入れたとしても、感度で一〇ないし一五パーセントの向上が見込める。二〇一二年中にこの高い衝突エネルギーで15 fb^{-1} のデータを取るという目標が設定された。これはヒッグスの探索を最終的に終わりにするのに、間違いなく十分な量のデータだ。

二月二二日、超光速のニュートリノを暗示していたＯＰＥＲＡの結果が間違っていたことが明らかになった。光ファイバーケーブルのつなぎの緩みが、時間測定に若干の遅れをもたらしていたのだ。これはニュートリノの飛行時間に換算すると、報告されたような約七三ナノ秒（73×10^{-9} 秒）短くなることに相当した。これを修正すると、測定はニュートリノが光速で走るのとまったく矛盾しないものになった。

これは話の結末としてはかなりばつの悪いものであったが、アインシュタインの特殊相対性理論が無事であったことが確認され、どこの物理学者も安堵の息をもらした。OPERA共同研究チームを代表する立場の二人が辞任した。これは、それなりの物理実験が非常に公式に何らかの発表をし、後にそれが間違っていたことがわかったときに（それが必要な場合）起こりうることを思い出させる教訓ともなった。

LHCの運転は三月一二日に再開し、その一八日後に八テラ電子ボルトの衝突エネルギーが達成された。陽子–陽子衝突の物理運転は四月半ばに本格的に始まった。瞬間ルミノシティは毎秒6760 μb^{-1}の最高値を記録した。冷却装置に関連したある技術的問題により、データ収集のスピードはやや落ちたものの、五月末にはLHCは各検出器研究チームに毎週1 fb^{-1}という記録的な量のデータを供給するようになった。

オーストラリアのメルボルンで七月四日から開催される予定の第三六回高エネルギー物理学国際会議（ICHEP）での発表に対する勢いは、その強さをさらに増していった。この会議での発表にできるだけ多くのデータを解析するための、データ収集の限界の日とされた六月十日までに、LHCはATLASとCMSの両方に約5 fb^{-1}を供給した。これは二〇一一年全体を通して集められたデータと同量であった。

高エネルギー物理のブログに噂が流れ出したのは避けがたいことだった。ピーター・ウォイトは、ヒッグスの強い兆候が再び見え始めたことを示唆する噂を報じた。それは二〇一一年のデータと二〇一二年に得られたデータの約半分が、H→γγチャンネルで事象の超過を四シグマの有意性で示しているというものだった。憶測はその強さを増していった。あらゆる兆候が、ATLASとCMSの両方とも、発見を宣言するのに必要な五シグマにほんの少し足りない超過を示すデータを報告するかもしれないことを示していた。もし本当にその通りだとしたら、両共同研究チームの結果を足し上げれば、ヒッグスのようなものを支持する結論が得られそうなことは、ほぼ間違いなかった。

だが共同研究チームはそこまでやるのだろうか？　もし彼らがそうしないとすると、事態はさらにより多くのデータが得られるまで、公式には解決しないままということになる。そうするとブロガーたちが勝手に、かなり合理的ではあろうが、確実に非公式なデータの足し上げをやって、公表するだろう。おそらく公式には認められない「発見」の宣言が、ブロガーたちによってなされるだろう。科学の全歴史の中でこのような状況は、まったく先例のないものだった。

そのときCERNから思いがけない発表があった。ICHEP会議の「幕開け」として、七月四日にジュネーブの研究所において特別セミナーを開くというものだ。セミナーではATLASとCMSによるヒッグス探索の最新結果が発表され、それに続いて記者会見が行われるとされた。ヒッグス、アングレール、グラルニック、ハーゲン、キッブルの全員が出席するよう招待された（注11）。

（注11）　その日キッブルは他の約束があって来られなかったが、ヒッグス、アングレール、グラルニック、ハーゲンは全員セミナーに出席した。

きっとこれは検出器共同研究チームのどちらか、あるいは両方が発見を宣言するのに必要な五シグマを達成したしるしに違いない？　憶測は強まった。これに負けまいと、フェルミ研究所の物理学者たちは、テバトロンの二つの共同研究チーム、D0とCDFが低い衝突エネルギーでほぼ$10\ \mathrm{fb}^{-1}$のデータを集めていたことを思い出させた。フランスのモリオンで三月に開かれた会議において、フェルミ研究所の物理学者たちは一一五〜一三五ギガ電子ボルトの範囲に、二・二シグマの超過を示唆する結果を示し、それがLHCでは高いバックグラウンドのため見つけることが容易でない二つのボトムクォークへの崩壊チャンネルの解析であることを強調した。それに続くセミナーが、CERNの発表の二日前となる七月二日に行われ、フェルミ研究所の物理学者たちは、彼らの解析の改善により、有意性を二・九シグマに高めたと宣言した。もちろんこれは発見の宣言には不十分なものであったが、この後のいかなる発見の発表に対しても、間違いなく強力な確認となるものであった。

七月四日、私は快適な自分のオフィスで、CERNからの生のインターネット中継を見ていた。そしてセミナー会場に行っていたドリゴによって載せられる生のブログ入力を通して、聴衆の反応を追いかけていた。

ホイヤーはこの日がいくつかの理由で特別であると宣言した。何といっても、これは国際物理学会議の開幕イベントであり、異なる大陸からビデオリンクを通して開催するこのような会議では最初のものであった。

初めに登壇したのは、カリフォルニア大学サンタバーバラ校の物理学教授でＣＭＳの代表者を務めるジョー・インカンデラだった。彼は中央に立ち、緊張しているように見えた。彼が今いるステージの歴史的重要性を意識しているかのようであった。彼の話が進むにつれ、彼の緊張は和らいでいった。

彼の発表は、当然ながらこういう実験のあきれるほどの複雑さについて詳しく説明するものだった。シェイクスピアの問いに対する答えという一つの結果の見地から、成果を簡単に要約してしまうことは、この実験に関与したすべての努力に対して敬意を払うことにはならないであろう。ＬＨＣの運転、検出器の運転、トリガーの設定、事象の重なりの処理、バックグラウンドの計算、世界規模コンピューティング・グリッドの運営、詳細な解析作業、それとあまり寝ないこと、などの努力に対してだ。インカンデラはこれらの技術面の説明にかなりの時間を割いた。あたかも、彼がこれから明かそうとする結果に関してまったく疑いのないことを、皆に保証しているかのようだった。

彼がようやくそこに着いたとき、われわれが目にしたのはスリル満点のものだった。二〇一一年の七テラ電子ボルト衝突データと二〇一二年の八テラ電子ボルトデータを足し上げると、$H \to \gamma\gamma$チャンネルにおいて一二五ギガ電子ボルト付近に、四・一シグマの有意性で事象の超過が観測された。また$H \to Z^0Z^0 \to \ell^+\ell^-\ell^+\ell^-$チャンネルでも三・二シグマの有意性で事象の超過が見られた。これら二つのチャンネルのデータを合わせると、得られたものは五・〇シグマの超過であった。この質量の標準モデルヒッグス粒子に対して期待される超過は四・七シグマだ。「五シグマでよかった。」インカンデラは言った（出典23）。

会場には拍手の渦が自然に巻き起こった。

その後他のいくつかの崩壊チャンネルに関連する報告があったが、全体像に付け加えられるようなものはほとんどなかった。図27(a)に示したのが、CMSの結果をまとめたものである。ヒッグスの質量に対して、統計的有意性の尺度となる「p値」とよばれる確率の値が描かれている。

時間がかなり切迫してきたため、セミナーは直ちに二番目の検出器共同研究チームへと移って行った。ファビオラ・ジャノッティがATLASの結果を発表した。彼女もほぼ同様な背景について説明し、実験の重要な技術面を強調した。私はある一つの事実に強い印象を受けた。全部で10.7 fb^{-1}のデータに対し、H→γγチャンネルで期待される一二六ギガ電子ボルトの超過の数はちょうど一七〇と見積もられた。この同じエネルギーにおけるバックグラウンド事象の数は六三四〇と予想されている。信号対バックグラウンドの比は、ほんの三パーセントしかないのだ。

ジャノッティが示したおもな結果も、CMSとほぼ同じものであった。二〇一一年と二〇一二年の八テラ電子ボルトデータを足し上げると、H→γγチャンネルにおいて一二六・五ギガ電子ボルトに、四・五シグマの有意性で事象の超過が観測された。これは標準モデルの予想よりやや大きめ（約二倍）の有意性であった。またH→Z^0Z^0→$\ell^+\ell^-\ell^+\ell^-$チャンネルでも一二五ギガ電子ボルトに三・四シグマの有意性で超過が見られた。これら二つの崩壊チャンネルのデータを合わせると、五・〇シグマの超過が得られた。これに対する標準モデルの予想は四・七シグマだ。結果は図27(b)にまとめられている。

両方の共同研究チームが、発見を宣言するのに十分な五シグマの証拠を見つけた。より大きな拍手が起こった。

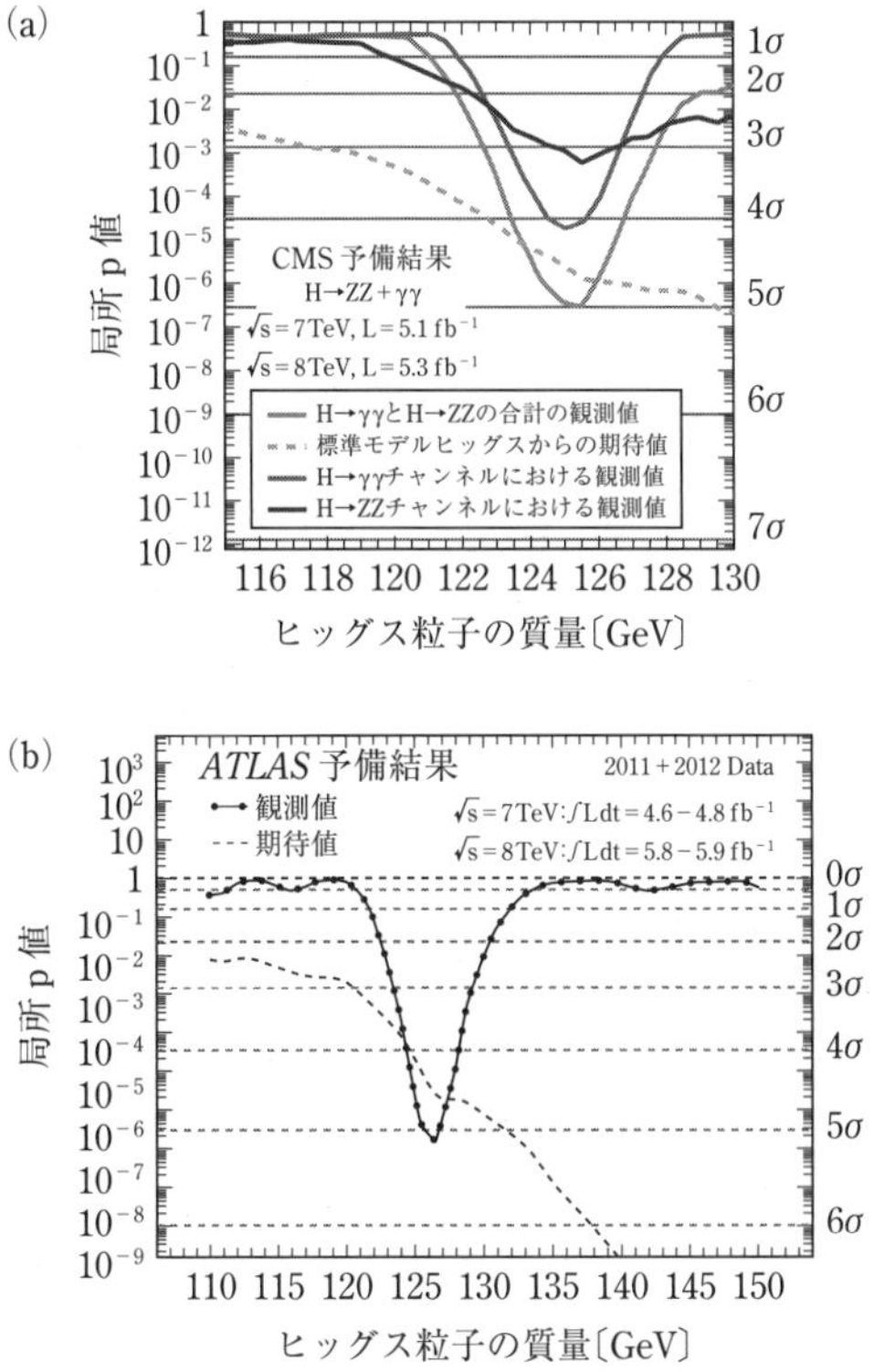

図 27　2012 年 7 月 4 日に CMS と ATLAS 共同研究チームによって報告された予備的な結果．これらの図は，ヒッグスの質量に対する，統計的有意性の尺度となる“p 値”とよばれる確率の変化を表したものだ．(a) CMS の結果は，$H \to \gamma\gamma$ と $H \to Z^0Z^0 \to \ell^+\ell^-\ell^+\ell^-$ チャンネルでの超過事象を示している．これらを合わせると，極めて重要な 5 シグマのレベルに到達する．(b) ATLAS による同様な図も，ほぼ同じ結果を示している．出典：著作権は CERN.

ホイヤーは宣言した。「門外漢として私は言うのだが、われわれはそれを手に入れたのだと思う。皆さん、賛成しますか？[出典24]」標準モデルヒッグス粒子のように見える何かが発見されたことはほとんど疑いなかった。そして門外漢にとっては、まさしく「それ」だった。しかし物理学者たちは、より厳しい基準をもっている。彼らがほんの今発表した発見が正確にはどのような種類のものなのかについて、かなり慎重であった。セミナーの後の記者会見における、ジャーナリストたちからの丁重な質問に対しても、この新粒子がヒッグスと矛盾するものではないという結論に固執した。彼らはそれがまさにヒッグスであるかどうかという問いに対し、答えを引き出されることを拒否したのだ。

純然たる事実は、一二五～一二六ギガ電子ボルトの間に質量をもつ新しいボソンが、ヒッグス粒子から期待されるのとまったく同じように、他の標準モデル粒子と相互作用するということだ。$H \to \gamma\gamma$ 崩壊チャンネルの事象がやや多く観測されたことを除けば、新ボソンが他の粒子へ崩壊するモードは、標準モデルヒッグスから期待される比率と一致していた。ATLASとCMS両実験は、この新粒子がボソンであることは明らかにしたが、そのスピン量子数の正確な値に関しては、0か2のどちらか決めることはできなかった。しかしスピン2をもつと予想される唯一の粒子は、重力を媒介するとされる重力子であるので、この新粒子のスピンは0であるほうがもっともらしい。ルビアの言葉を言い換え、いくらかの正当性をもって、宣言する誘惑にかられるかもしれない。「それは標準モデルヒッグスのように見える、標準モデルヒッグスのような匂いがする。それは標準モデルヒッグスに違いない。」

実のところ、これらの結果はもう一つの長い旅の重要な一里塚となるものである。新ボソンが発見され、それは誰が見てもヒッグス粒子のように見えた。しかしどのヒッグス粒子なのだろう？ 標準モデルは、電弱対称性を破るために、ヒッグスを一つだけ必要とした。最小超対称標準モデルでは五つ必要だ。他の理論的モデルには別な要請がある。発見された粒子が正確にはどの種類なのかを見分ける唯一の方法は、今後の実験でこの新粒子の性質やふるまいを調べることなのである。

CERNのプレスリリースはこうコメントした（出典25）。

「この新粒子の特性を明確に同定するには、かなりの時間とデータが必要だろう。しかしヒッグス粒子がどのような形をとろうとも、物質の基本的構造に関するわれわれの理解は大きく前進しようとしている。」

セミナーは、実にそれにふさわしい背中のたたきあいと祝福の応酬をもって閉会した。ピーター・ヒッグスは、彼の感想を聞かれ、その素晴らしい成功に対して研究所に祝意を述べ、そして言った。

「これは本当に途方もないことだ。私が生きているうちに起こるなんて。」（出典26）

物質的な実体の基本的性質を理解しようとするわれわれの努力における、重要な一章が終りに近づいてきている。もう一つの、胸躍る新たな章が始まろうとしている。

エピローグ――質量の創生

この世界は何からできているのだろう？

一九三〇年代中ごろであったなら、この世界のすべての物質的な実体は化学的な要素からできており、それぞれの要素は原子で構成されていると説明されただろう。そしてそれぞれの原子の中心には原子核があり、それはさまざまな数の正電荷の陽子と電荷をもたない中性子で構成されている。原子核の周りには負電荷の電子が取囲んでおり、電気的な引力によって束縛されている。それぞれの電子はスピンが上向きか下向きかどちらかの定位をとることができ、各原子軌道には互いに逆向きスピンをもつ組合わせの場合に限り、二つ電子を入れることができる。電子は一つの軌道から別の軌道へ、光子というかたちで電磁波を放射あるいは吸収して、移り変わることができる。

前に説明したが、あなたの手のひらにある一八グラムの氷の立方体の重さは、一・〇八兆の一〇兆倍個の陽子あるいは中性子を合わせた質量がもたらすものだ。

今日ではこの問いに対するわれわれの説明は、かなり精緻なものとなっている。実際、原子核の中にある陽子や中性子は基本的な粒子ではないのだ。それらは分数電荷をもつクォークから構成されている。陽子は異なる「フレーバー」をもつ三つのクォークからなり、そのうち二つがアップクォークで一つはダウンクォークだ。またクォークは赤・緑・青のような「カラー」によっても区別される。陽子の中の二つのアップクォークと一つのダウンクォークは、それぞれ異なったカラーをもち、その組合わせの結果、「白」となって見えるのだ。中性子は一つのアップクォークと二つのダウンクォークからなり、やはりそれぞれのクォークは別々のカラーをもっている。

クォーク間に働くカラー力は、まとめてグルーオンとよばれる八種類の力の粒子によって媒介される。この力は、予想とは異なり、クォーク同士が近づくと強くなるのではなく、離れるほど強くなるのだ。陽子と中性子の間の強い核力は、それらを構成するクォーク間のカラー力のしみ出し、あるいは「残滓」に過ぎない。

CERNでの新粒子の発見は、クォークの質量がヒッグス場との相互作用に由来していることを強く示唆する。これらの相互作用が、元々は質量のなかったクォークを、質量のある粒子に変えるのだ。ヒッグスとの相互作用は、粒子に「深さ」を与えて、減速させる働きをする。加速に対する抵抗が質量とよばれるものなのだ。

しかしクォークの質量はとても小さくて、陽子や中性子の質量のほんの一パーセントを占めるだけだ。その他の九九パーセントは、クォーク間を飛び交い、陽子や中性子をしっかりと束縛する質量のないグルーオンが運ぶエネルギーに由来している。

標準モデルでは、物質の量を表す固有の性質、あるいは尺度としての質量の概念はない。その代わりに質量は、基本的な量子場とそれらの粒子の間に生じる相互作用のエネルギーからすべてつくられるのだ。

ヒッグス粒子は、宇宙の中のすべての素粒子のすべての質量がどのようにつくられるのかを説明する機構の一部を担っている。世界のすべての物質は、クォークとレプトンからできているかもしれないが、まさしくその実体は、ヒッグス場との相互作用、それとグルーオンの交換を通してのエネルギーによっているのである。

これらの相互作用がなければ、物質は光そのもののように、つかの間の実体のないものであっただろう。そして何も存在していないだろう。

訳者あとがき

本書は、「この世界が何からできていて、そして何故そうなっているのか」という疑問に対し、物理学者達がこれまで約百年間にわたり、紆余曲折を経て、到達した理解について解説した書物である。その現在の到達点は、標準モデルとよばれる素粒子理論であるが、本書はこの理論がつくり上げられるまで（第一部　発明）と、それが実験的に確かめられてゆく過程（第二部　発見）の二部構成からなる。どちらも関与した人々の苦労、競争、苦悩、情熱、喜びに満ちた感動のドラマが満載の歴史物語でもある。この壮大な物語は、一九一五年の静かなドイツの大学町ゲッティンゲンから始まり、二〇一二年七月四日のジュネーブでクライマックスを迎え、終わる。

訳者は縁あって、本書の原本である"HIGGS – The Invention and Discovery of the 'God Particle'"（ジム・バゴット著）の翻訳を依頼されることになったが、本書の最終章（シェイクスピアの問い）で登場するＡＴＬＡＳ実験に参加している一研究者である。「ヒッグス粒子とみられる粒子」の発見を報告する二〇一二年七月四日のセミナーのときは、日本でも同時中継を行いながら、記者会見を開いた。きちんと理解するのが容易でない内容ではあるが、それでも何か物理学上の非常に重要そうなものであることや、研究者たちの熱意と感動は十分伝わったと思う。

このセミナーで発表を行ったＡＴＬＡＳ実験代表者のファビオラ・ジャノッティは、「自然は私たちにやさしかった。」とコメントし、CERN所長のロルフ・ホイヤーは、「これは終わりではない。始まりなのだ。」と述べた。ジャノッティが言ったことは、もちろんヒッグス粒子とみられる粒子を発見できたこと自体もあるが、その質量がいろいろな崩壊チャンネルをもてる値であったため、これからこの粒子の詳しい研究ができるという意味も含まれていた。この値とは異なる質量をもつ標準モデルヒッグス粒子は、崩壊チャンネルが限られたものになってしまい、他のモデルと比べにくくなるというわけだ。私自身の感想は、嬉しいというよりも、よくあったなという思いと、何故この質量なのだろうという疑問のほうが先であった。その次に来たのは、ホイヤー所長と同じく、新しい世界への扉を見つけ、これからその扉を開けて、中を見られるという、大きなわくわく感だった。

その後LHCは年末まで運転を続け、データ量は二倍以上に増えた。二〇一三年三月のMoriond国際会議で、ATLASとCMSの両実験は新しい解析結果を発表した。新たにこの粒子のスピンなどの性質が明らかになり、「とみられる」をはずし、「ヒッグス粒子」と確定した。しかし、「標準モデルのヒッグス粒子」であるかどうかを判定するには、もっと多くのデータが必要である。LHCは、二〇一三年と二〇一四年は運転を休止し、衝突エネルギーを八テラ電子ボルトから、設計値の一四テラ電子ボルトにするための改修作業を行う。二〇一五年から再開する運転では、大量のヒッグス粒子を生成して、その詳細な研究を行う予定であるが、標準モデルを超える新現象が見える期待も大きい。

ヒッグス粒子の先にあるもの、それは本書の第九章（すばらしい瞬間）にもあるように、標準モデルのヒッグス機構が内包する「階層性問題」だ。この問題を解決するには、新しい対称性か、より微小な階層での新しい力学か、四次元時空を超える次元の存在か、何かしら新しいものが必要となる。まさに本書の物語の最後にあるように、胸躍る新たな章が始まろうとしているのだ。

この翻訳の機会を与えてくださった東京化学同人の住田六連さん、それから編集と校正でお世話になった髙橋悠佳さんに感謝いたします。大変よい経験をさせていただきました。それと同時に、翻訳しながら、おそらく最終章のリン・エバンスが抱いたのと同じ感動を、味わうことができました。

音楽に喩えると、本を読むのは音楽を聴くのに相当すると思う。楽しく、得るものも多い。執筆は作曲に似て、楽しみも苦しみもありそうな気がする。今回初めての経験ではあったが、翻訳は演奏だと感じた。音楽は聴くのもよいが、演奏はまた格別である。作曲家の意図したことを理解し、それをどのように表現するか、悩みも多いが、それを補って余りあるものが得られる。今回よい曲にめぐりあい、演奏技術は未熟ながらも、十分楽しませていただいた。もし、その演奏を聴いて、曲のよさを少しでも感じていただけたとしたら、訳者にとっては大きな喜びである。

二〇一三年七月三一日

小林富雄

小林富雄(こばやしとみお)

1950年千葉県に生まれる．1972年東京工業大学理学部物理学科卒．1977年東京大学大学院理学系研究科博士課程修了．理学博士．東京大学素粒子物理国際研究センター教授．専門は高エネルギー素粒子物理学．他に『神の素粒子—宇宙創成の謎に迫る究極の加速器(ポール・ハルパーン著，監訳)』がある．

ヒッグス粒子
神の粒子の発見まで

小林富雄 訳

2013年9月17日 第1刷 発行

ISBN978-4-8079-0826-4
Printed in Japan

発行者
小澤美奈子

発行所
株式会社 東京化学同人
東京都文京区千石3-36-7(〒112-0011)
電話 (03) 3946-5311
FAX (03) 3946-5316
URL http://www.tkd-pbl.com/

印刷 美研プリンティング株式会社
製本 株式会社 青木製本所

索　　引

あ　行

索　　引

か　行

さ　行

た　行

な　行

は　行

ま　行

や　行

ら　行

わ　行

用語解説

アイソスピン［isospin］ アイソトピックスピンあるいはアイソバリックスピンとしても知られる．1932年にヴェルナー・ハイゼンベルクにより導入されたもので，これによって陽子と新たに発見された中性子の間の対称性を説明する．アイソスピン対称性は，現在ではハドロン相互作用におけるより一般的なフレーバー対称性の一部として理解されている．ある粒子のアイソスピンは，それに含まれるアップクォークとダウンクォークの数から計算することができる（81ページ参照）．

ATLAS（アトラス）［ATLAS］ A Toroidal LHC Apparatus（トロイド型LHC実験装置）の略．CERNの大型ハドロンコライダー（LHC）で，ヒッグス粒子探索などを行う二つの測定器の共同研究グループのうちの一つ．

暗黒物質［dark matter］ スイス人天文学者のフリッツ・ツヴィッキーにより，（かみのけ座に位置する）かみのけ座銀河団の銀河に対して測られた質量分布の異常として，1934年に発見された．これは，銀河団の端近くにある観測された銀河の運動と，観測された銀河の数および銀河団全体の明るさとを比べることによって得られたものだった．これらの銀河質量の推定値は400倍も異なっていた．重力効果の大きさを説明するには，質量の90%にものぼる量が不足しており，その姿を現していないようにみえた．この不足している物質が暗黒物質とよばれた．その後の研究により，暗黒物質は“冷たい暗黒物質”とよばれる形態をとることが有力視されている．（⇀冷たい暗黒物質）

一般相対性［general relativity］ 1915年にアインシュタインによってつくられた一般相対性理論は，特殊相対性とニュートンの万有引力の法則を重力の幾何学理論に組入れたものである．アインシュタインは，ニュートンの万有引力の理論に含まれる遠隔作用を，曲がった時空における質量をもつ物体の運動で置き換えた．一般相対性では，物体によって時空がどのように曲がるかわかり，曲がった時空によって物体がどのように運動するかわかる．

インフレーション［inflation］ ⇀宇宙のインフレーション

宇宙線［cosmic rays］ 宇宙空間からやってくる高エネルギーの荷電粒子の流れは，絶え間なく地球の上層大気に打ち寄せている．“線”という言い方の使用は，放射能研究の初期にさかのぼる．当時は荷電粒子の方向をもった流れのことを“線”とよんでいたのだ．宇宙線はさまざまな原因に由来す

る．太陽やその他の恒星の表面で起こっている高エネルギーの過程や，宇宙のどこかで起こっているまだ知られていない過程などだ．宇宙線粒子の典型的なエネルギーは，10 MeV から 10 GeV の間にある．

宇宙定数［cosmological constant］ 1922 年にロシア人の理論家アレクサンドル・フリードマンは，アインシュタインの重力場の方程式で時空が膨張する宇宙を記述する解を発見した．アインシュタインは最初，時空が膨張あるいは収縮できるという考えに抵抗し，彼の方程式に変更を加えて，定常解がつくれるようにした．通常の重力では宇宙の中の物質が支配的になり，宇宙がしぼんでいってつぶれてしまうと考えたアインシュタインは，宇宙定数を導入した．これは負の重力あるいは反発力の重力というような形をしており，宇宙の収縮を打消すことができる．宇宙が実際に膨張しているという証拠が蓄積されてきたとき，アインシュタインは自分のしたことを後悔し，それをかつて彼の人生でおかした最大の過ちとよんだ．しかし実際には，1998 年のさらに進んだ発見は，なんと宇宙の膨張が加速していることを示していた．これらの結果と衛星によるマイクロ波宇宙背景放射の測定とを合わせると，宇宙が暗黒エネルギーで充満しており，それによって宇宙の質量・エネルギーの約 73% が説明されるという結論を指し示している．暗黒エネルギーの一つの形としては，アインシュタインの宇宙定数を再び導入することが必要である．

宇宙のインフレーション［cosmic inflation］ ビッグバン後 10^{-36} 秒から 10^{-32} 秒の間に起こったと考えられている宇宙の指数関数的な急激な膨張．大統一理論を背景として米国人物理学者アラン・グースが 1980 年に発見した．〔訳注：インフレーションは，同時期に佐藤勝彦によって提唱されている．〕インフレーションは，われわれが今日観測する宇宙の大規模構造を説明するのに役立っている．

SSC［SSC］ 超伝導スーパーコライダー（superconducting supercollider）の略語．世界で最も大きい粒子加速器をテキサス州エリス郡ワクサハチーに建設する米国の計画．陽子–陽子衝突エネルギー 40 TeV をつくり出せるこの計画は，1993 年 10 月に米国議会によって中止させられた．

SLAC → SLAC（スラック）

SU(3) 対称操作群［SU(3) symmetry group］ 三つの複素変数を変換する特殊ユニタリ群．マレー・ゲルマンとユヴァル・ネーマンによって大域対称性として用いられ，これに基づいて“八道説”がつくられた．後にゲルマン，ハラルド・フリッチ，ハインリッヒ・ルートワイラーによって局所対称性として用いられ，クォークやグルーオンの間の強い核力（カラー力）の量子場理論を構築する基礎となった．

SU(2)対称操作群［SU(2) symmetry group］　二つの複素変数を変換する特殊ユニタリ群．強い核力の量子場理論が基礎を置くべき対称群であるとチェンニン・ヤンとロバート・ミルズによってみなされたが，後にSU(2)は弱い力を記述するものであることがわかり，電磁気のU(1)場の理論と結び付けられて，電弱力のSU(2)×U(1)場の理論を形成することが示された．

MIT［MIT］　マサチューセッツ工科大学(Massachusetts Institute of Technology）の略語．

MSSM［MSSM］　最小超対称標準モデル（Minimum Supersymmetric Standard Model）の略語．通常の標準モデルを，超対称性を含めるよう最小限の拡張を行ったもの．1981年にハワード・ジョージとサヴァス・ディモポロスによってつくられた．

LHC［LHC］　大型ハドロンコライダー（Large Hadron collider）の略語．世界で最も高いエネルギーの粒子加速器で，陽子–陽子衝突エネルギー14 TeVをつくり出すことができる．LHCは，その周長が27 kmあり，ジュネーブ近郊のスイスとフランスの国境をまたぎ，CERNの地下175 mに設置されている．陽子–陽子衝突エネルギー7 TeVで運転したLHCは，その後8 TeVに高め，2012年7月，ヒッグス粒子とみられる新粒子の発見をもたらす証拠を提供した．

GUT［grand unified theory］　⇀大統一理論（GUT）

カラー荷［colour charge］　フレーバー（アップ，ダウン，ストレンジなど）に加えて，クォークがもつ性質の一つ．正か負の二つの種類をもつ電荷とは異なり，カラー荷には赤，緑，青の三つの種類がある．これらの名前を使うことが，通常の意味でクォークに色がついていることを意味しないことは明らかであろう．クォーク間のカラー力は，カラー荷をもつグルーオンによって運ばれるのである．

カラー力［colour force］　ハドロンの内部でクォークやグルーオンをまとめて結び付ける役割をする強い力．重力や電磁気のようによりなじみ深い力とは異なり，カラー力は漸近的自由性を示す．クォーク同士がぴったりとつく極限に近付くと，クォークはまったくの自由粒子であるかのようにふるまう．原子核の内部で陽子と中性子をまとめて結び付けている強い核力は，核子の内部でクォークを結び付けているカラー力の“残滓”と考えられている．

ギ　ガ［giga］　10億を意味する接頭語．1ギガ電子ボルト（GeV）は，10億電子ボルト，10^9 eVあるいは1000 MeV．

QED［quantum electrodynamics］　⇀量子電磁力学（QED）

クーパー対［cooper pair］　臨界温度以下に冷やしたとき，超伝導体中の電子は互いに弱い引力を感じるようになる．逆向きのスピンと運動量をもつ

電子が結合してクーパー対を形成し，金属の格子の中を連携して移動する．その動きは格子振動によって媒介あるいは促進される．このような電子対は，スピン0か1をもつので，ボソンである．したがって，一つの量子状態を占めることができる対の数に制限はなくなり，低温で凝縮し，巨視的スケールの状態を形成できるようになる．この状態のクーパー対は，格子を通過する際に抵抗を感じなくなり，その結果超伝導となる．

クォーク［quark］ ハドロンの基本構成要素．すべてのハドロンは，スピン½のクォーク三つからなるバリオンか，クォークと反クォークの組合わせからなる中間子で構成される．クォークは3世代を形成し，それぞれが異なるフレーバーをもっている．アップクォークとダウンクォークは，それぞれ電荷$+\frac{2}{3}$と$-\frac{1}{3}$，質量1.7〜3.3 MeVと4.1〜5.8 MeVをもち，第1世代を形成する．第2世代はチャームクォークとストレンジクォークからなり，それぞれ電荷$+\frac{2}{3}$と$-\frac{1}{3}$，質量1.27 GeVと101 MeVをもつ．第3世代はトップクォークとボトムクォークからなり，それぞれ電荷$+\frac{2}{3}$と$-\frac{1}{3}$，質量172 GeVと4.19 GeVをもつ．クォークはカラー荷ももつ．各フレーバーに対して，それぞれ赤・緑・青のカラー荷をもつ三つのクォークが存在する．

くりこみ［renormalization］ 粒子を場の量子と考えると，粒子が自己相互作用をするようになることが帰結される．すなわち粒子は自分自身の場と相互作用するようになる．これは，場の方程式を解くのによく用いられる摂動理論のような方法が破綻することを意味する．自己相互作用の項が無限大となってしまうからだ．くりこみは，これらの自己相互作用項を除去するために用いる数学的手法として開発された．場の粒子のパラメーター（質量や電荷のような）を実際の値で再定義するやり方である．

グルーオン［gluon］ クォーク間の強いカラー力の媒介粒子．量子色力学は，質量のないカラー力のグルーオンを8種類必要とする．グルーオン自体もカラー荷をもっている．その結果，グルーオンは単に一つの粒子から別の粒子へ力を伝えるだけでなく，力の内部でも寄与している．陽子や中性子の質量の99%はグルーオンが担っているエネルギーであると考えられている．

ゲージ対称性［gauge symmetry］ ドイツ人数学者ヘルマン・ワイルによってつくり出された名前．量子場の理論に適用される場合，ゲージは方程式が不変になるように，すなわちゲージの任意の変化は予測される結果に何の違いももたらさないように選ばれる．ゲージ対称性と保存則の間の関連は（⇀保存則，⇀ネーターの定理），ゲージ対称性を正しく選ぶことで，必要とされる性質の保存則を自働的に満たす場の理論が導き出されることを意

味する．

ゲージ理論［gauge theory］　ゲージ対称性に基づく理論（⇀ゲージ対称性）．アインシュタインの一般相対性理論は，時空座標（ゲージの一種）の任意の変化に対して不変となるゲージ理論である．量子電磁力学（QED）は，電子の波動関数の位相に対して不変となる量子場の理論である．1950年代に発展した強い核力および弱い核力の量子場理論では，保存量が何であるか，すなわちしかるべきゲージ対称性が何であるかを見極めることが問題となっていた．

K 中間子［kaon］　アップまたはダウンのどちらかとストレンジのクォーク・反クォークの組合わせからなるスピン 0 の中間子．K^+（アップ–反ストレンジ），K^-（ストレンジ–反アップ），K^0（ダウン–反ストレンジ），$\overline{K}^0$（ストレンジ–反ダウン）の 4 種類がある．K^+の質量は 494 MeV で，K^0 の質量は 498 MeV である．

原子（アトム）［atom］　ギリシャ語の分割できないものを意味するアトモスからきている．元々物質の究極構成要素の意であったが，現在では個々の化学元素の基本的要素を意味する．たとえば，水は H_2O の分子でできているが，それは二つの水素原子と一つの酸素原子からなっている．その原子も，実は陽子と中性子が一緒に結び付いてつくられる原子核と，そのまわりにある電子から成り立っている．電子の波動関数は，原子核のまわりに軌道とよばれる特徴的なパターンを形づくっている．

原子核［nucleus］　原子中心部の高密度領域のことで，原子の質量のほとんどがここに集中している．原子核はさまざまな数の陽子と中性子から構成されている．水素原子の原子核は陽子 1 個からなる．

光　子［photon］　光を含む電磁波のすべての形態の根底にある素粒子．光子は，質量のないスピン 1 のボソンで，電磁力を媒介する役目をもつ．

CERN　⇀ CERN（セルン）

***g* 因子**［*g*-factor］　素粒子または複合粒子の（量子化された）角運動量と磁気モーメントの間の比例係数．ここで粒子の向きは磁場の方向にとられる．電子の g 因子は実際には三つある．電子のスピンに付随するもの，原子内の電子の軌道角運動量からくるもの，およびスピンと軌道角運動量の和からくるものだ．ディラックによる電子の相対論的量子理論では，電子スピンに対する g 因子は 2 と予言された．2006 年の CODATA 特別グループによる推奨値は 2.0023193043622 である．この違いは量子電磁力学的な効果によるものである．

CMS［CMS］　小型のミューオンソレノイド（Compact Muon Solenoid）の略．CERN の大型ハドロンコライダー（LHC）で，ヒッグス粒子探索などに関係する二つの測定器の共同研究

グループのうちの一つ.

自由度 [degree of freedom] ある系がとることのできる,あるいは系が自由に動ける次元の数.古典的な粒子は3次元の空間内を自由に動ける.しかし光子は,スピン1をもつ質量のない粒子であるため,2次元のみに制限され,左巻きか右巻きの円偏光または垂直か水平の直線偏光となって現れる.ヒッグス機構が働くと,質量のないボソンは南部・ゴールドストーンボソンを吸収することによって3番目の自由度を獲得することがある(88ページ,図14参照).

重粒子 [baryon] ⇀バリオン

重 力 [gravitational force] すべての質量・エネルギーの間に働く引力.重力は,原子や原子スケール以下の素粒子などの相互作用においては,そこで支配的であるカラー力・弱い核力・電磁力と比べきわめて弱く,何の働きもしない.重力はアインシュタインの一般相対性理論により記述されている.

重力子 [graviton] 重力の量子場理論において重力を媒介する仮説的な粒子.このような理論を構築しようとする多くの試みにもかかわらず,現在までまだ成功に至っていない.もし重力子が存在するとしたら,それは質量も電荷もなく,スピンは2であると考えられている.

真空期待値 [vacuum expectation value] 量子理論において,たとえばエネルギーのように観測可能な量の大きさは,その観測可能量に対応する量子力学的演算子のいわゆる期待値(あるいは平均値)として与えられる.演算子は,波動関数に作用してその値を変える数学的関数である.真空期待値は,演算子を真空に対して作用させたときの期待値である.ヒッグス場は,そのポテンシャルエネルギー曲線の形のため,ゼロでない真空期待値をもち,その結果電弱力の対称性が破られる(86ページ,図13参照).

シンクロトロン [synchrotron] 粒子加速器の一種.粒子を加速するために用いられる電場と,加速器リングの中を粒子が回るようにするため用いられる磁場を,粒子ビームと同期させるようにコントロールしながら加速する.

深非弾性散乱 [deep inelastic scattering] 粒子散乱事象の一種で,加速された粒子(たとえば電子)のエネルギーのほとんどが,標的粒子(たとえば陽子)を壊すことに使われる過程.加速された粒子は,衝突によってかなりのエネルギーを失って跳ね飛ばされ,異なる多くのハドロンが生成されて飛び散る.

ストレンジクォーク [strange-quark] 電荷が $-\frac{1}{3}$,スピンが $\frac{1}{2}$(フェルミオン)で,質量が101 MeVの第2世代のクォーク.“ストレンジネス”の性質は,1940年代から1950年代にかけて発見された比較的低エネルギー(小さい質量)の粒子群の特性として,マレー・ゲルマンおよびそれと独立に西

島和彦と中野董夫によって見つけられた．この性質は，これらの複合粒子中のストレンジクォークの存在に帰着することが，後にゲルマンとジョージ・ツワイクによって示された（82 ページ，図 12 参照）．

ストレンジネス［strangeness］ 中性のラムダ粒子，中性および電荷をもったシグマ粒子やグザイ粒子，K 中間子などの粒子がもつ特徴的な性質として見つけられた．ストレンジネスは，電荷やアイソスピンと共に，マレー・ゲルマンとユヴァル・ネーマンによる“八道説”に従って粒子を分類するために用いられた（68 ページ，図 10 参照）．この性質は，これらの複合粒子中のストレンジクォークの存在に帰着することが後に示された（82 ページ，図 12 参照）．

スピン［spin］ すべての素粒子は，スピンとよばれるある種の角運動量の属性をもつ．電子のスピンは，初期には電子の自転（回転するこまのように，自分自身の軸を中心として回転する電子）として解釈されたが，スピンは相対論的現象であって，古典物理でそれに対応するものはない．粒子はスピン量子数で特徴づけられる．半整数のスピン量子数をもつ粒子はフェルミオンとよばれる．整数のスピン量子数をもつ粒子はボソンとよばれる．物質の粒子はフェルミオンで，力の粒子はボソンである．

SLAC（スラック）［SLAC］ スタンフォード線形加速器センター（Stanford Linear Accelerator Center）の略語．この研究所は，カリフォルニア州のスタンフォード大学の近く，ロスアルトスヒルズに設置されている．

摂動理論［perturbation theory］ 厳密に解くことができない方程式の解を近似的に求めるために用いられる数学的手法．問題の方程式は摂動展開として書きかえられる．その和は，潜在的には無限の項からなる級数であるが，最初の“0 次”の項は厳密に解けるものである．この項に対して補正を表す付加的な（摂動の）1 次の項が加えられ，さらに 2 次，3 次などと続いていく．原理的には，展開のそれぞれの項は 0 次の結果に対してだんだん小さくなる補正を与え，次第に計算は実際の結果に近づいてゆく．最終結果の精度は，単に計算に含まれる摂動項の数に依存する．構造的には非常に異なるものではあるが，$\sin x$ のような単純な三角関数に対する級数展開を見ることによって，摂動展開がどのように働くか知ることができる．展開の最初の数項はこのようになる．

$$\sin x = x - x^3/3! + x^5/5! - x^7/7! + \cdots$$

$x = 45°$（0.785398 ラジアン）に対して，第 1 項は 0.785398 を与え，次の項は 0.080745 を引き，さらに次は 0.002490 を足し，それから 0.000037 を引く．それぞれの逐次項はより小さな補正を与え，四つの項だけの結果でも 0.707106 となり，sin（45°）＝

0.707107と比べてよい近似を与える．

Z粒子［Z particles］ ⇀W粒子，Z粒子

CERN（セルン）［CERN］ Conseil Européen pour la Recherche Nucléaire（欧州原子核研究理事会）の略で，1954年に設立された．その暫定的な理事会が解散されたとき，欧州原子核研究機構と改名されたが，CERNの略語はそのまま維持されている．CERNはジュネーブ北西の郊外のスイスとフランスの国境近くに位置している．

漸近的自由性［asymptotic freedom］ クォーク間に働く強いカラー（色）の力の性質．カラー力は，クォーク同士が近づくにつれて弱くなっていくのである．そしてクォーク同士がぴったりとつく極限に近付くと，クォークはまったくの自由粒子であるかのようにふるまう．（140ページ，図17(b)参照）

素粒子物理の標準モデル［Standard Model of particle physics］ 物質の粒子とそれらの間に働く力（重力を除く）を記述する理論的モデルで，これまでのところ正しいと認められている．この標準モデルは，局所SU(3)（カラー力）およびSU(2)×U(1)（弱い核力と電磁気）対称性をもつ量子場理論を集めたもので構成される．このモデルは，3世代のクォークとレプトン，光子，W粒子とZ粒子，カラー力のグルーオン，それにヒッグス粒子を含む．

対称性の破れ［symmetry-breaking］ 物理系の低エネルギー状態が高エネルギー状態よりも低い対称性をもつとき，必ず自発的対称性の破れが起こる．系がエネルギーを失って，最も低いエネルギー状態に落ちつくとき，対称性は自発的に減少する（あるいは破れる）．たとえば，鉛筆がその先端を下にしてまっすぐ立っているのは対称性のある状態である．しかしその鉛筆はすぐに倒れ，より安定で，低いエネルギーの状態になるだろう．このとき，鉛筆はある特定の方向に横たわっているので，対称性は破れている．

大統一理論（**GUT**）［grand unified theory (GUT)］ 電磁気，弱い核力，強い核力を一つの形に統一しようとする理論．GUTの最初の例は，シェルドン・グラショーとハワード・ジョージによって1974年につくられた．大統一理論は重力を含めようとはしていない．重力まで含めようとする理論は万物の理論（TOE）とよばれる．

W粒子，Z粒子［W, Z particles］ 弱い核力を媒介する素粒子．W粒子は，スピン1のボソンで，正および負の単位電荷をもち（W^+，W^-），その質量は80 GeVである．Z^0粒子は，電気的に中性なスピン1のボソンで，質量91 GeVをもつ．W粒子とZ粒子は，ヒッグス機構を通して質量を得ているため，"重い"光子とも考えられる．

チャームクォーク［charm-quark］ 電荷$+2/3$，スピン$1/2$（フェルミオン）で，裸の質量が1.27 GeVの第2世代

クォーク．1974年にブルックヘブン国立研究所とSLACで同時に，チャームクォークと反チャームクォークから構成される中間子J/ψの検出を通して発見された．これは“11月革命”とよばれている．

中間子［meson］ ⇀ メソン（中間子）

中性カレント（弱い力）［neutral currents (weak force)］ 電荷の変化を伴わない素粒子間の相互作用．これらは仮想的な Z^0 粒子の交換あるいは W^+ と W^- 粒子の同時交換により生ずる．（101ページ，図15／130ページ，図16参照）．

中性子［neutron］ 原子を構成する電気的に中性な粒子．1932年にジェームズ・チャドウィックによって初めて見つけられた．中性子は，1個のアップクォークと2個のダウンクォークからなるバリオンで，スピン½，質量は940 MeVである．

超対称性（SUSY）［supersymmetry (SUSY)］ 素粒子物理の標準モデルの代案で，物質の粒子（フェルミオン）と力の粒子（ボソン）の間の非対称性を破れた超対称性で説明する．高エネルギー（たとえばビッグバンのごく初期に存在したようなエネルギー）では超対称性は破れておらず，フェルミオンとボソンの間には完全な対称性があったとする．フェルミオンとボソンの間の非対称性は別として，破れた超対称性はスピンが½だけ異なる重い超対称性パートナーの粒子群を予言する．フェルミオン（fermion）の超対称性パートナーはスフェルミオン（sfermion）とよばれる．電子（エレクトロン，electron）のパートナーはセレクトロン（selectron），それぞれのクォーク（quark）には対応するスクォーク（squark）がパートナーとして存在する．同様に各ボソン（boson）に対してはボシーノ（bosino）がある．光子（フォトン，photon），W粒子とZ粒子，グルーオン（gluon）の超対称性パートナーは，フォティーノ（photino），ウィーノ（wino）とズィーノ（zino），グルイーノ（gluino）だ．超対称性は標準モデルの問題点の多くを解決するが，超対称性パートナーの証拠はまだ見つかっていない．

超伝導［superconductivity］ 1911年にヘイケ・カメルリング・オネスによって発見された．ある臨界温度より冷やすと，ある種の結晶性物質は電気抵抗をまったく失って超伝導体となる．電流は超伝導線の中を，エネルギーをつぎ込まなくても，いつまでも流れる．超伝導は量子力学的現象であって，ジョン・バーディーン，レオン・クーパー，ジョン・シュリーファーの名をとって名付けられたBCS機構を用いて説明される．

冷たい暗黒物質（CDM）［cold dark matter (CDM)］ 現在のビッグバン宇宙論のラムダ–CDMモデルの重要な一要素．宇宙の質量・エネルギーの約

22％を説明すると考えられている．冷たい暗黒物質が何からできているかはわかっていないが，大部分はバリオンでできた物質ではないと考えられている．すなわちそれは陽子や中性子を含む物質ではなく，おそらく標準モデルで知られていない粒子に関係するものであろう．その例が，WIMPとよばれる弱い相互作用をする重い粒子である．それはニュートリノとよく似た性質をもつが，質量はずっと大きくて，その結果ずっとゆっくりと動いている．標準モデルに超対称性を取入れて拡張したモデルでは，ニュートラリーノがこのような粒子の候補となっている．

強い力［strong force］ 強い核力，あるいはカラー力は，ハドロンの内部でクォークやグルーオンを結び付ける．この力は量子色力学によって記述される．原子核の内部で陽子や中性子をまとめて結び付けている力も強い核力とよばれるが，これは核子の内部でクォークを結び付けているカラー力の“残滓”と考えられている．

テラ［tera］ 1兆を意味する接頭語．1テラ電子ボルト（TeV）は，1兆電子ボルト，10^{12} eVあるいは1000 GeV.

電荷［electric charge］ クォークやレプトン（それからもっとよく知られている陽子や電子など）がもっている性質．電荷には正と負の2種類があり，負電荷の流れが電気や電力産業の基となっている．

電子［electron］ 1897年に英国人物理学者J. J. トムソンによって発見された．電子は第1世代のレプトンで，電荷−1，スピン½（フェルミオン）をもち，質量は0.51 MeVである．

電子ボルト（eV）［electron volt (eV)］ 1電子ボルトは，1個の負電荷の電子が1ボルトの電位差で加速されるときに得るエネルギー量である．100 Wの電球は，毎秒6×10^{20} eVのエネルギーを消費する．

電弱力［electro-weak force］ 電磁力と弱い核力は，それらの強さの大きな違いにもかかわらず，かつて電弱力として統一されていたものの別の面であり，ビッグバン後10^{-36}秒から10^{-12}秒の間の“電弱時代”に支配的であったと考えられている．電磁力と弱い核力をSU(2)×U(1)場の理論で結びつけることは，1967〜68年にかけて初めてスティーヴン・ワインバーグおよびアブドゥス・サラムによって独立に成し遂げられた．

電磁力［electromagnetic force］ 電気と磁気は一つの基本的な力の成分であることが，幾人かの実験および理論の物理学者たち，とりわけイングランド人物理学者のマイケル・ファラデーとスコットランド人理論家のジェームズ・クラーク・マクスウェル，の仕事を通して認識された．電磁力は，原子の中で電子を原子核に結びつけ，そして原子同士を結合させて豊富な種類の

分子物質を構成する働きをする．

特殊相対性［special relativity］ 1905年にアインシュタインによって構築された特殊相対性理論は，あらゆる運動は相対的であると主張する．すなわち，ある座標系に対して運動が測れるような唯一あるいは特別な規準系は存在しない．すべての慣性系は同等である．地球上に静止している観測者が得る物理測定結果は，宇宙船で等速運動をする観測者と同じ結果を得なければならない．絶対時空，絶対静止，同時性といった古典的観念から抜け出なければならないのだ．アインシュタインは理論を構築するとき，真空中の光速度が究極の速度であり，何ものもそれを超えることはできないと仮定した．この理論が“特殊”といわれる所以は，単にそれが加速度運動を説明しないからである．加速度運動はアインシュタインの一般相対性理論で取扱われる．

トップクォーク［top quark］ トゥルースクォークとよばれることもある．電荷＋⅔，スピン½（フェルミオン）で，質量が172 GeVの第3世代クォーク．1995年にフェルミ研究所で発見された．

トリリオン［trillion］ 1兆，ビリオンの1000倍，あるいは10^{12}．

波と粒子の二重性［wave–particle duality］ すべての量子的粒子がもつ基本的性質．これは広がった波のふるまい（回折や干渉のような）と局在する粒子のふるまいの両方を示すものであるが，そのどちらが現れるかは測定に用いられる装置の種類や方法に依存する．電子のような物質の粒子がもつ性質として，1923年にルイ・ド・ブロイによって初めて提案された．

NAL［NAL］ シカゴにある国立加速器研究所の略語．1974年にフェルミ国立加速器研究所（通称フェルミ研究所）と改名された．

南部-ゴールドストーン粒子［Nambu–Goldstone boson］ 自発的対称性の破れに伴って現れる，質量のない，スピン0の粒子．最初1960年に南部陽一郎によって考え出され，1961年にジェフリー・ゴールドストーンによって練り上げられた．ヒッグス機構では，南部–ゴールドストーン粒子は量子力学的粒子の第3の自由度となり，それまで質量のなかった粒子に質量を与える（88ページ，図14を参照）．

ニュートリノ［neutrino］ 語源は“小さい中性のもの”を意味するイタリア語．ニュートリノは，電荷をもたず，スピン½（フェルミオン）で，負電荷の電子・ミューオン・タウのそれぞれと対をなす．ニュートリノは非常に小さい質量をもつと考えられているが，これはニュートリノ振動現象を説明するために必要である．このニュートリノフレーバーが時間とともに変わる現象は，量子力学的なフレーバー混合によるものである．ニュートリノ振

動は，地球を通過するニュートリノの数の測定値が太陽の中心部で起こる核反応から期待される電子ニュートリノの数と矛盾するという太陽ニュートリノ問題を解決する．太陽から来るニュートリノのうち電子ニュートリノが35%しかないことが2001年に決定された．その残りはミューオンニュートリノやタウニュートリノであり，太陽から地球までやってくる間にニュートリノフレーバーが振動することを示している．

ネーターの定理［Noether's theorem］ 1918年にアマーリエ・エミー・ネーターによって考え出された．この定理は，物理系およびそれを記述する理論の特定の連続対称性と保存則を結び付け，新しい理論を構築するときの手段として用いられる．エネルギーの保存は，エネルギーを支配する法則が時間の連続的変化あるいは“並進”に対して不変であるという事実を反映している．運動量については，空間内の連続的並進に対して法則が不変になっている．角運動量については，回転中心から測った方向の角度に対して法則が不変になっている．

パートン［parton］ 1968年にリチャード・ファインマンによって，陽子や中性子を構成する点状のものを記述するため名付けられた．その後パートンはクォークやグルーオンであることが示された．

排他原理［exclusion principle］ ⇀ パウリの排他原理

パイ中間子［pion］ アップクォークあるいはダウンクォークとそれらの反クォークからつくられるスピン0の中間子群．π^+（アップ−反ダウン），π^-（ダウン−反アップ），π^0（アップ−反アップとダウン−反ダウンの混合）があり，π^+の質量は140 MeVで，π^0は135 MeVである．

パウリの排他原理［Pauli exclusion principle］ 1925年にヴォルフガング・パウリによって発見された．排他原理は，二つのフェルミオンが同時に同じ量子状態を占めることはない（すなわち，すべての量子数がまったく同じになることはない）と主張する．これは電子に対しては，一つの原子軌道を占める電子の数はたかだか二つであり，それもスピンが逆向きになっている場合に限られることを意味する．

八道説［Eightfold Way］ 1960年ごろに知られていた素粒子の“動物園”ともいえる多くの種類を分類する方法の一つ．マレー・ゲルマンとユヴァル・ネーマンによって独立に開発されたもので，ハドロンは二つの八重項に分類される．そのパターンは，大域的SU(3)に基づき，粒子の電荷（あるいはアイソスピン）とストレンジネスによって決まる点に粒子を配置することでつくられる（68ページ，図10参照）．結局のところこの八重項のパターンはクォークモデルによって説明された（82ページ，図12参照）．

波動関数［wavefunction］　電子のような物質粒子を“物質波”として数学的に記述するには，波の運動の特性をもつ方程式が必要となる．そのような波動方程式は，時空内で発展する振幅と位相をもつ波動関数を扱う．水素原子内の電子の波動関数は，原子核のまわりに軌道とよばれる3次元の特徴的なパターンを形成する．物質波による量子力学の一つの表現である波動力学は，1926年にエルヴィン・シュレーディンガーによって初めて明らかにされた．

ハドロン［hadron］　ギリシャ語の厚いあるいは重いを意味するハドロスに由来する．ハドロンは，強い核力を感じる粒子群を構成し，したがってクォークのいろいろな組合わせからできている．この粒子群には，三つのクォークからなるバリオンと，クォークと反クォークから構成されるメソンとがある．

バリオン（重粒子）［baryon］　ギリシャ語の重いを意味するバリュスからきている．バリオンはハドロンの一つのサブクラスを形成する．それらは強い核力を感じる重い粒子であり，陽子や中性子などが含まれる．バリオンは三つのクォークから構成される．

反粒子［anti-particle］　通常の粒子と質量は同じであるが，正反対の電荷をもつ．たとえば，電子（e^-）の反粒子は陽電子（e^+）だ．赤のクォークの反粒子は，反赤の反クォークである．標準モデルのすべての粒子に対して反粒子が存在する．電荷が0の粒子は自分自身が反粒子となる．〔訳注：標準モデルの中では，光子（γ）とZ^0粒子がこれに該当する．ニュートリノは電荷は0であるが，フェルミオン数やレプトン数をもつため，粒子と反粒子は異なる．ただし標準モデルの枠外では，マヨラナ型のニュートリノを考えることは可能で，この場合粒子と反粒子は同じものとなる．〕

ヒッグス機構［Higgs mechanism］　英国人物理学者ピーター・ヒッグスの名をとって名付けられたが，1964年にこの機構を独立に発見した他の物理学者たちの名前を用いてよばれることも多い．一つの代替名は，ロバート・ブラウト，フランソワ・アングレール，ピーター・ヒッグス，ジェラルド・グラルニック，カール・ハーゲン，トム・キッブルといった物理学者たちの名前をとったブラウト–アングレール–ヒッグス–ハーゲン–グラルニック–キッブル—BEHHGKあるいは“ベック”機構だ．この機構は，ヒッグス場とよばれる背景場が，量子場の理論に対して理論がもつ対称性を破るためにどのように付け加えられるか記述する．1967～68年にかけてスティーヴン・ワインバーグとアブドゥス・サラムが独立に，この機構を用いて電弱力の場の理論を構築した．

ヒッグス場［Higgs field］　英国人物理学者ピーター・ヒッグスの名を

とって名付けられた．量子場の理論において，ヒッグス機構を通して対称性の破れを起こすために付け加えられた背景エネルギー場に対して用いられる一般的術語．CERN における新粒子の発見は，電弱力の量子場理論における対称性を破るために用いられたヒッグス場の存在を強く支持するものである．

ヒッグス粒子［Higgs boson］ 英国人物理学者ピーター・ヒッグスの名をとって名付けられた．すべてのヒッグス場には，ヒッグス粒子とよばれる特徴的な場の粒子が存在する．ヒッグス粒子という術語は，電弱ヒッグスに対して用いられることが多い．それは 1967〜68 年にかけてスティーヴン・ワインバーグとアブドゥス・サラムによって電弱対称性の破れを説明するために初めて用いられたヒッグス場の粒子のことである．その電弱ヒッグス粒子と非常によく似たものが，2012 年 7 月 4 日に CERN の大型ハドロンコライダー LHC で発見された．その粒子は，中性で質量 125 GeV をもち，スピンは 0 と矛盾していない．

ビッグバン［big bang］ 宇宙創生初期（約 137 億年前）の時空と物質の宇宙爆発を表すために用いられる用語．初めは異端の物理学者フレッド・ホイルよって軽蔑的に名付けられた言葉であったが，その後，宇宙のマイクロ波背景放射の検出と精密測定を通して，宇宙のビッグバン起源の圧倒的な証拠が得られた．ビッグバン後約 38 万年経ったころ，熱い放射が物質から解放されたと考えられ，それが冷えて残ったものが宇宙背景放射である．

ビッグバン宇宙論の標準モデル［Standard Model of big bang cosmology］ ⇀ ラムダ−CDM モデル

標準モデル［Standard Model］ ⇀ 素粒子物理の標準モデル

ビリオン［billion］ 10 億，10^9，あるいは 1,000,000,000.

フェルミオン［fermion］ イタリア人物理学者エンリコ・フェルミにちなんで名付けられた．フェルミオンは，半整数（½，⅔など）のスピンをもつことで特徴づけられる．フェルミオンの例としては，クォークやレプトン，それからバリオンのようにクォークのさまざまな組合わせでつくられる多くの複合粒子などである．

不確定性原理［uncertainty principle］ 1927 年にヴェルナー・ハイゼンベルクによって発見された．不確定性原理は，位置と運動量，エネルギーと時間のように対になる“共役”な観測可能量の測定において，それらの精度には基本的な限界が存在することを主張する．この原理は，量子的物体がもつ波と粒子のふるまいの基本的二重性に帰着できる．

複素数［complex number］ 複素数は，−1 の平方根 i に実数を掛けることによってつくられる．〔訳注：複素数は一般的には $a+bi$（a，b は実数）の形をした数のことである．この本で

は，$a=0$ の場合，すなわち純虚数のことを複素数とよんでいるようである.〕したがって，複素数の2乗は負の数となる．たとえば，5i の2乗は −25 である．複素数は，実数だけを使っていては解けない問題を解くために，数学では広く用いられている.

プランク定数［Planck constant］ h と記される．1900年にマックス・プランクによって発見された．プランク定数は，量子理論において量子の大きさを反映する基礎物理定数である．たとえば光子のエネルギーは，放射の振動数から関係式 $E=h\nu$（すなわちエネルギーはプランク定数に放射の振動数を掛けたものに等しい）によって決定される．プランク定数は 6.626×10^{-34} ジュール・秒（Js）という値をもつ.

フレーバー［flavour］ カラー荷の他に，クォークの種類を区別する性質．クォークには六つのフレーバーがあり，3世代に分かれている．電荷が $+\frac{2}{3}$，スピン $\frac{1}{2}$ で質量がそれぞれ 1.7〜3.3 MeV，1.27 GeV，172 GeV のアップ，チャーム，トップと，電荷が $-\frac{1}{3}$，スピン $\frac{1}{2}$ で質量がそれぞれ 4.1〜5.8 MeV，101 MeV，4.19 GeV のダウン，ストレンジ，ボトムだ．このフレーバーという術語は，レプトンに対しても用いられる．電子，ミューオン，タウとこれらに対応するニュートリノは，それぞれのレプトンフレーバーによって区別される．（⇀レプトン）

分子［molecule］ 二つ以上の原子で構成される化学的物質の基本単位．酸素分子は2個の酸素原子からできている（O_2）．水の分子は，水素原子2個と酸素原子1個からできている（H_2O）.

ベータ放射能，ベータ崩壊［beta-radioactivity, beta-decay］ フランス人物理学者アンリ・ベクレルによって1896年に初めて見つけられ，アーネスト・ラザフォードによって1899年にこのように命名された．弱い力による崩壊の一例である．この崩壊では，中性子中のダウンクォークがアップクォークへ転換されて，中性子が陽子に変わり，W^- 粒子を放出する．W^- 粒子は高速の電子（ベータ粒子）と電子反ニュートリノに崩壊する.

ベータ粒子［beta-particle］ ベータ放射性崩壊する原子の原子核から放出される高速の電子．（⇀ベータ放射能，ベータ崩壊）

ボソン［boson］ インド人物理学者サティエンドラ・ナート・ボースにちなんで命名された．ボソンは，整数のスピン量子数（0，1，2，…など）によって特徴づけられ，したがってパウリの排他原理にはしばられない．ボソンは物質粒子間に働く力の伝達に関係する．光子（電磁気），W粒子とZ粒子（弱い力），およびグルーオン（カラー力）はスピン1のボソンである．スピン0のボソンの例は，パイ中間子，クーパー対（これはスピン1を

もつこともできる），そしてヒッグス粒子などである．重力場に対する仮想的な粒子である重力子はスピン2のボソンであると考えられている．

保存則［conservation law］ 孤立系のある特定の測定可能な性質が，系が時間発展するときに変化しないことという物理法則．保存則が成り立っている測定可能な性質には，質量・エネルギー，運動量，角運動量，電荷，カラー荷，アイソスピンなどがある．ネーターの定理によれば，それぞれの保存則は系のある特定な連続対称性に帰着できる．

ボトムクォーク［bottom quark］ ビューティクォークとよばれることもある．電荷 $-\frac{1}{3}$，スピン $\frac{1}{2}$（フェルミオン）で，裸の質量が4.19 GeVの第3世代クォーク．1977年にフェルミ研究所で，ボトムクォークと反ボトムクォークから構成される中間子ウプシロンの検出を通して発見された．

マイクロ波宇宙背景放射［cosmic microwave background radiation］ ビッグバンから約38万年の後，宇宙は膨張して温度が下がり，水素の原子核（陽子）とヘリウムの原子核（二つの陽子と二つの中性子からなる）が電子と再結合して中性の水素原子とヘリウム原子を形成できるようになった．この時点で宇宙は，残りの熱い放射に対して透明になった．膨張はさらに進み，熱い放射は冷えてマイクロ波領域へと移り，温度は絶対零度より数度高い2.7 K（−270.5 °C）となった．このマイクロ波背景放射は，数人の理論家によって予言されており，アーノ・ペンジアスとロバート・ウィルソンによって1964年に偶然発見された．その後COBE衛星とWMAP衛星によってこの放射は詳しく調べられた．

ミューオン［muon］ 電子に相当する第2世代のレプトン．電荷 −1，スピン $\frac{1}{2}$ をもち，質量は106 MeVである．1936年にカール・アンダーソンとセス・ネッダーマイヤーによって初めて見つけられた．

メガ［mega］ 100万を意味する接頭語．1メガ電子ボルト（MeV）は，100万電子ボルト，10^6 eVあるいは1,000,000 eV.

メソン（中間子）［meson］ ギリシャ語の中間を意味するメソスに由来する．メソンはハドロンの一種である．強い核力を感じることができ，クォークと反クォークから構成される．

モル［mole］ 化学的物質量を表す標準単位．原子量あるいは分子量にグラムを付けた値に等しい．1モルには 6×10^{23} 個の粒子が含まれる．モルという名前の由来は分子（molecule）からきている．

ヤン-ミルズ場の理論［Yang–Mills field theory］ 1954年にチェンニン・ヤンとロバート・ミルズによって構築されたゲージ不変性に基づく量子場理論の形式．ヤン–ミルズ場の理論は，現在の素粒子物理の標準モデルのあら

ゆる構成要素の土台となるものである．

U(1) 対称操作群［U(1) symmetry group］　一つの複素変数を変換するユニタリ群．これは円周群と同等なもの（専門用語では“同型”）である．円周群とは，絶対値が1となるすべての複素数の乗法群（言い換えれば，複素平面上の単位円）のことである．これはまたSO(2)，すなわち2次元の物体の回転に関する対称変換を記述する特殊直交群と同型である．量子電磁力学におけるU(1)は，電子の波動関数の位相対称性であるとみなされる（34ページ，図7参照）．

陽　子［proton］　原子を構成する正の電荷をもつ粒子．1919年にアーネスト・ラザフォードによって発見され，protonと名付けられた．ラザフォードは，水素原子の原子核（陽子1個からなる）が他の原子核の基本構成要素となっていることを実際につきとめた．陽子は，2個のアップクォークと1個のダウンクォークからなるバリオンで，スピン½，質量は938 MeVである．

要　素［element］　古代ギリシャの哲学者たちは，すべての物質実体は四つの要素，土・空気・火・水で構成されていると信じた．エーテルあるいはクインテッセンスなどさまざまによばれる第5の要素は，アリストテレスによって不変の天界を記述するために導入された．今日ではこれらの古典的な要素は，化学元素の体系に取って代わられた．化学元素は，化学的手段によって一つのものから別のものへ変換させることができないという意味で，基本的なものである．すなわち化学元素は，それぞれ1種類の原子だけからできているということである．元素は，水素からウラニウム，そしてその先まで周期表という形にまとめられている．

陽電子［positron］　電子の反粒子で，e^+と記される．電荷は+1，質量は0.51 MeVである．陽電子は，1932年にカール・アンダーソンによって発見されたが，それは最初に見つけられた反粒子であった．

弱い核力［weak nuclear force］　弱い力がそうよばれるのは，強い力と電磁力の両方と比べ，強さと到達範囲において極端に弱いためである．弱い力はクォークとレプトンの両方に作用し，弱い力による相互作用はクォークおよびレプトンのフレーバーを変化させることができる．たとえば，アップクォークをダウンクォークに変え，電子を電子ニュートリノに変える．弱い力は，もともとベータ放射性崩壊の研究によって，基本的な力であるとつきとめられた．弱い力の媒介粒子はW粒子とZ粒子である．1967～68年にかけてスティーヴン・ワインバーグとアブドゥス・サラムにより，弱い力は電磁気と組合わされ，電弱力のSU(2)×U(1)量子場理論となった．

弱い中性カレント［weak neutral

current］ 仮想 Z^0 粒子の交換による弱い力の相互作用（130 ページ，図 16 参照）．これは仮想 W^+ 粒子と仮想 W^- 粒子の組合わせが交換される場合にも起こる（101 ページ，図 15 参照）．

ラムシフト［Lamb shift］ 水素原子の二つの電子エネルギー準位の間のわずかな差で，1947 年にウィリス・ラムとロバート・ラザフォードによって発見された．ラムシフトは，くりこみを発展させ，最終的に量子電磁力学へと導く重要な手がかりとなった．

ラムダ-CDM［lambda–CDM］ ラムダ–冷たい暗黒物質の略語．ビッグバン宇宙論の標準モデルとしても知られる．ラムダ–CDM は，宇宙の大域構造やマイクロ波宇宙背景放射，宇宙の加速膨張，そして水素・ヘリウム・リチウム・酸素などの元素分布を説明する．このモデルは，宇宙の質量・エネルギーの 73% が暗黒エネルギーであり（これは宇宙定数の大きさ–ラムダに反映される），22% が冷たい暗黒物質であるとする．その残りは，目に見える宇宙（銀河，星，そして知られている惑星）であって，たった 5% を説明するにすぎない．

量　子［quantum］ エネルギーや角運動量などの性質の不可分の基本単位．量子理論では，このような性質は連続的には変化できなく，量子とよばれる離散的なかたまりあるいは束のようにまとまったものと考えられている．したがって，光子は電磁場の量子的粒子である．この考えは，力の媒介粒子を超えて発展させ，物質の粒子自体を含めることもできる．このようにして，電子は電子場の量子，などとなる．これは第 2 量子化とよばれることもある．

量子色力学（QCD）［quantum chromodynamics（QCD）］ クォーク間に働く強いカラー力を記述する SU(3) 量子場理論．この力は，8 個のカラー荷をもつグルーオンの系によって媒介される．

量子数［quantum number］ 量子系の物理状態を記述するには，全エネルギー・運動量・角運動量・電荷などによってその性質を指定することが必要となる．このような性質を量子化すると，それぞれに伴う量子の整数倍となって記述される．たとえば電子のスピンに伴う角運動量は，$(1/2)h/2\pi$（ここで h はプランク定数）という値に固定される．このように現れる量子の大きさにかかる整数または半整数のことを量子数とよぶ．電子を磁場中に置いたとき，電子のスピンは場の力線の方向を向くか逆向きとなる．これはスピンが上向きか下向きかの状態に対応し，量子数 $+\frac{1}{2}$ と $-\frac{1}{2}$ で特徴づけられる．他の例としては，原子内の電子のエネルギー準位を特徴づける主量子数 n，電荷，クォークのカラー荷などがある．

量子電磁力学（QED）［quantum electrodynamics（QED）］ 電荷をも

つ粒子間に働く電磁力を記述するU(1)量子場理論．この力は光子によって媒介される．

量子場［quantum field］ 古典的場の理論では，力の場は時空の各点での値に帰する．それはスカラー（大きさはあるが方向はもたない）やベクトル（大きさと方向をもつ）の値をとりうる．棒磁石の上に一枚の紙を敷き，その上に鉄のやすり粉をまき散らしたときにできる模様は，力の方向を表しており，このような場を目に見えるかたちにしてくれる．量子場の理論においては，力は場のさざ波によって運ばれるが，それは波であると同時に（波は粒子とも解釈されるので）場の量子的粒子でもある．この考えは，力の媒介粒子（ボソン）を超えて発展させ，物質の粒子（フェルミオン）を含めることもできる．このようにして，電子は電子場の量子，などとなる．

ルミノシティ［luminosity］ 加速器の中の粒子ビームのルミノシティとは，単位面積・単位時間当たりの粒子数にビーム標的の不透明度（粒子が標的を通過するしにくさの度合い）を掛けた量のことである．特に興味がもたれるのが積分ルミノシティという量で，これはルミノシティを時間で積分したもの（あるいは和をとったもの）である．積分ルミノシティは通常センチメートルの逆2乗（cm^{-2}）またはバーンの逆数（b^{-1}，10^{24} cm^{-2}）の単位で表される．したがって，ある特定の素粒子反応が起こる衝突の数は，単に積分ルミノシティとその反応の断面積（反応の起こりやすさの度合い）を掛けたものとなる．

LEP［LEP］ 大型電子陽電子コライダー（Large Electron–Positron collider）の略語．CERNでLHCの前に建設された衝突型加速器．

レプトン［lepton］ ギリシア語の小さいを意味するレプトスに由来する．レプトンは，強い核力を感じない粒子群を構成し，クォークと合わせて物質を構成する．クォークと同様，レプトンにも3世代あり，電子・ミューオン・タウとそれぞれに対応するニュートリノからなる．電子・ミューオン・タウの電荷は-1，スピンは½で，質量はそれぞれ0.51 MeV，106 MeV，1.78 GeVだ．対応するニュートリノは，電荷はもたず，スピンは½で，非常に小さい質量をもつと思われている．（ここでニュートリノ振動の現象について説明しておく必要があるだろう．これはニュートリノフレーバーが時間と共に変わる量子力学的なフレーバー混合のことである．）

出　　典

プロローグ

1) Albert Einstein, *Annalen der Physik*, **18** (1905), p. 639; 下記に英訳が引用されている．John Stachel (ed.), “Einstein's Miraculous Year: Five Papers that Changed the Face of Physics”, Princeton University Press (2005), p. 161.

第 1 章

1) Auguste Dick, “Emmy Noether 1882–1935”, Birkhäuser, Boston (1981), p. 32; 英訳 H. I. Blocher.
2) Albert Einstein, Hermann Weylへの手紙，1918年4月8日；p. *33*，参考文献24)，Pais, “Subtle is the Lord”, p. 341中に引用.
3) Louis de Broglie, ‘Recherches sur la Théorie des Quanta’, PhD 論文, Faculty of Science, Paris University (1924), p. 10; 英訳 A. F. Kracklauer.
4) Albert Einstein, *New York Times*, 5 May 1935.

第 2 章

1) Julian Schwingerによる．Robert CreaseとCharles Mannとの会談，1983年3月4日；p. *32*の参考文献4)，Crease, Mann, p. 127に引用.
2) Richard Feynmanによる．Robert CreaseとCharles Mannとの会談，1985年2月22日；p. *32*，参考文献4)，Crease, Mann, p. 139に引用.
3) Freeman Dyson, 両親宛の手紙，1948年9月18日；p. *33*，参考文献30)，Schweber, p. 505に引用.
4) p. *32*，参考文献9)，Feynman, p. 7に引用.
5) Chen Ning Yang, “Selected Papers with Commentary”, W. H. Freeman, New York (1983)；p. *32*，参考文献8)，Farmelo (ed.), “It Must be Beautiful”, p. 241にChristine Suttonが引用.
6) Robert Millsによる．Robert CreaseとCharles Mannとの電話会談，1983年4月7日；参考文献4)，Crease, Mann, p. 193に引用.
7) Yangが下記の国際学会のときに会話の一部として伝えた．the International Symposium on the History of Particle Physics, Batavia, Illinois, 1985年5月2日；p. *33*，参考文献27)，Riordan, p. 198に引用.
8) p. *32*，参考文献6)，Enz, p. 481.
9) Chen Ning Yang, “Selected Papers with Commentary”, W. H. Freeman,

New York (1983); p. *32*, 参考文献 8), Farmelo (ed.), "It Must be Beautiful", p. 243 に Christine Sutton が引用.
10) C. N. Yang, R. L. Mills, *Physical Review*, **96**, 1 (1954), p. 195.

第 3 章

1) Emilio Segré, "Enrico Fermi: Physicist", University of Chicago Press (1970), p. 72.
2) Isidor Rabi, p. *33*, 参考文献 20), Helge Kragh, p. 204 中に引用.
3) Willis Lamb, "Nobel Lectures, Physics 1942–1962", Elsevier, Amsterdam (1964), p. 286.
4) Helge Kragh により "Quantum Generations", p. 321 中に 'physics folklore' として引用.
5) Murray Gell-Mann, Edward Rosenbaum, *Scientific American*, July 1957, pp. 72～88; ストレンジネスの概念は，同時に日本人物理学者西島和彦と中野董夫により考案された（彼らは η チャージとよんだ）．ストレンジネスということばが残ったが，この理論はしばしばゲルマン–西島理論とよばれる．
6) Sheldon Glashow, ハーバード大学 PhD 論文 (1958), p. 75; Glashow, "Nobel Lectures, Physics 1971–1980", ed. by Stig Lundqvist, World Scientific, Singapore (1992), p. 496 中に引用.
7) Murray Gell-Mann による．Robert Crease と Charles Mann との会談, 1983 年 3 月 3 日; p. *32*, 参考文献 4), Crease, Mann, p. 225 に引用.
8) Murray Gell-Mann, Caltech Report CALT–68–1214, pp. 22～23; p. *33*, 参考文献 4), Crease, Mann, pp. 264～265 に引用.

第 4 章

1) p. *33*, 参考文献 23), Nambu, p. 180.
2) Robert Serber による．Robert Crease, Charles Mann との電話会談, 1983 年 6 月 4 日; p. *32*, 参考文献 4), Crease と Mann, p. 281 に引用.
3) Murray Gell-Mann による．Robert Crease と Charles Mann との会談, 1983 年 3 月 3 日; p. *32*, 参考文献 4), Crease, Mann, p. 281.
4) Murray Gell-Mann による．Robert Crease と Charles Mann との会談, 1983 年 3 月 3 日; p. *32*, 参考文献 4), Crease, Mann, p. 282.
5) George Zweig, 'An SU(3) Model for Strong Interaction Symmetry and its Breaking', CERN Preprint 8419/TH. 412, 1964 年 2 月 21 日, p. 42.
6) P. W. Anderson, *Physical Review*, **130** (1963), p. 441; E. Farhi, R. Jackiw (eds.), "Dynamical Gauge Symmetry Breaking: A Collection of Reprints",

World Scientific, Singapore (1982), p. 50 に転載.
7) Peter Higgs, p. *33*, 参考文献 17), Hoddeson, *et al.*, p. 508 中.
8) Peter Higgs, *Physical Review Letters*, **13**, 509 (1964).
9) Sidney Coleman による; Peter Higgs により 'My Life as a Boson: the Story of the "Higgs"' 中で引用. the Inaugural Conference of the Michigan Center for Theoretical Physics, (2001 年 5 月 21〜25 日) で発表.
10) Peter Higgs, p. *33*, 参考文献 17), Hoddeson *et al.*, p. 510 中.
11) Steven Weinberg, "Nobel Lectures, Physics 1971–1980", ed. by Stig Lundqvist, World Scientific, Singapore (1992), p. 548.
12) Steven Weinberg による. Robert Crease, Charles Mann との会談, 1985 年 5 月 7 日; p. *32*, 参考文献 4), Crease, Mann, p. 245.

第 5 章

1) Steven Weinberg による. John Iliopoulos が Michael Riordan との会談中に引用. 1985年6月4日; p. *33*, 参考文献27), Riordan, p. 211 に引用.
2) Sheldon Glashow, "Nobel Lectures, Physics 1971–1980", ed. by Stig Lundqvist, World Scientific, Singapore (1992), p. 500.
3) Gerard 't Hooft, "In Search of the Ultimate Building Blocks", Cambridge University Press (1997), p. 58.
4) Martinus Veltman, Andrew Pickering への私信; p. *33*, 参考文献 26), Pickering, p. 178 に引用.
5) Gerard 't Hooft, Robert Crease と Charles Mann との会談, 1984 年 9 月 26 日; p. *32*, 参考文献 4), Crease, Mann, pp. 325〜6.
6) Martinus Veltman, p. *33*, 参考文献 17), Hoddeson *et al.*, p. 173 中.
7) Sheldon Glashow による. David Politzer により Robert Crease と Charles Mann との会談に引用, 1985 年 2 月 1 日; p. *32*, 参考文献 4), Crease, Mann, p. 326 に引用.
8) Gerard 't Hooft; p. *33*, 参考文献 17), Hoddeson *et al.*, p. 192.
9) Murray Gell-Mann; p. *33*, 参考文献 17), Hoddeson *et al.*, p. 629.
10) W. A. Bardeen, H. Fritzsch, M. Gell-Mann, "Proceedings of the Topical Meeting on Conformal Invariance in Hadron Physics", Frascati, May 1972; p. *32*, 参考文献 4), Crease, Mann, p. 328.
11) Murray Gell-Mann; p. *33*, 参考文献 17), Hoddeson *et al.*, p. 631.

第 6 章

1) Richard Feynman による. Michael Riordan との会談, 1984 年 3 月 14〜15 日; p. *33*, 参考文献 27), Riordan, p. 152 に引用.

2) Richard Feynman による．Paul Tsai との会談，1984 年 4 月 3 日；p. *33*，参考文献 27)，Riordan, p. 150 に引用.
3) Richard Feynman による．Jerome Friedman により Michael Riordan との会談で引用，1985 年 10 月 24 日．p. *33*，参考文献 27)，Riordan, p. 151.
4) Donald Perkins, p. *33*，参考文献 17)，Hoddesson *et al.*, p. 430.
5) Carlo Rubbia, Andre Lagarrigue への手紙，1973 年 7 月 17 日；p. *32*，参考文献 4)，Crease, Mann, p. 352.
6) Donald Perkins, *CERN Courier*, 1 June 2003 に引用 .
7) David Cline による．p. *32*，参考文献 4)，Crease, Mann, p. 357.

第 7 章

1) W. A. Bardeen, H. Fritzsch, M. Gell-Mann, "Proceedings of the Topical Meeting on Conformal Invariance in Hadron Physics", Frascati, May 1972；p. *32*，参考文献 4)，Crease, Mann, p. 328 に引用.
2) Frank Wilczek, *MIT Physics Annual* 2003, p. 35.
3) Pierre Darriulatによる；p. *32*, 参考文献3), Cashmore *et al.*, p. 57に引用.
4) Simon van der Meer による；Brian Southworth, Gordon Fraser, *CERN Courier*, November 1983 に引用.
5) Pierre Darriulat による；p. *32*，参考文献 3)，Cashmore *et al.*, p. 57.
6) Carlo Rubbia による；Brian Southworth, Gordon Fraser, *CERN Courier*, November 1983 に引用.
7) p. *33*，参考文献 21)，Lederman, p. 357.

第 8 章

1) Howard Georgi, Sheldon Glashow, *Physical Review Letters*, **32** (1974), p. 438.
2) Howard Georgi による．Robert Crease と Charles Mann との会談，1985 年 1 月 29 日；p. *32*，参考文献 4)，Crease, Mann, p. 400.
3) p. *32*，参考文献 15)，Guth, p. 176.
4) *New York Times*, 6 June 1983.
5) 全引用文は次の通り：
私はちりになるよりも灰になりたい
窒息し，ひからびて朽ちるより，輝く炎の中で焼き尽くされ，火花となりたい
永遠の命を得て退屈な惑星で暮らすよりも，
全身が一瞬の輝きに包まれる壮麗な流星でありたい
——ジャック・ロンドン

原文は p. *32*，参考文献 16)，Halpern “COLLIDER the search for the world's smallest particles”，p. 151 に引用．この訳文はその邦訳書である，武田正紀 訳，“神の素粒子 宇宙創成の謎に迫る究極の加速器”，(日経ナショナルジオグラフィック，p. 201 から一部変更して引用した．
6) Ken Stabler が言った言葉とされる．この引用文は，ジャーナリストの George Will がワシントンポストに書いた，SSC に対するレーガンの支持についての記事の見出しに使われた．
7) 1940 年の映画 “クヌート・ロックニー—オールアメリカン” の中の，この短いせりふは，American Rhetoric のウェブサイトで見ることができる．www.americanrhetoric.com/MovieSpeeches/moviespeechknuterockneallamerican.html
8) p. *33*，参考文献 34)，Weinberg, p. 220.
9) p. *33*，参考文献 21)，Lederman, p. 406.
10) Raphael Kasper による；*Dallas Morning News*, 23 July 2005 に引用.
11) Herman Wouk, “A Hole in Texas”, Little, Brown & Company, New York (2004), 著者の注.
12) Carlo Rubbia による；p. *33*，参考文献 21)，Lederman, p. 381 に引用.

第 9 章

1) William Waldegrave による．p. *33*，参考文献 29)，Sample, p. 163.
2) David Miller のたとえは以下のサイトで見られる．http://www.hep.ucl.ac.uk/~djm/higgsa.html. 許可を得て引用.
3) David Miller，私信，2010 年 10 月 4 日.
4) Luciano Maiani, *CERN Courier*, 26 February 2001.
5) http://cms.web.cern.ch/cms/Detector/FullDetector/index.html
6) Lyndon Evans による．CERN Bulletin 37–38, 2008 に引用.

第 10 章

1) Fermilab Today ツィッター；Tom Chivers, *The Telegraph*, 13 July 2010 に引用.
2) Tommaso Dorigo, ‘Rumours About a Light Higgs’, A Quantum Diaries Survivor, ブログ：2010 年 7 月 8 日，www.science20.com/quantum_diaries_survivor/
3) Leon Lederman による；Tom Chivers, *The Telegraph*, 13 July 2010 に引用.
4) Rolf Heuer による；*CERN Bulletin*, Monday 31 January 2011 に引用.
5) Albert Einstein による；Alice Calaprice (ed.), “The Ultimate Quotable Einstein”, Princeton University Press, 2011, p. 409 に引用.

6) Jon Butterworth, Krishnan Guru-Murthy とのテレビ会談, Channel 4 News, 2011 年 4 月 24 日.
7) Jon Butterworth, 'Rumours of the Higgs at ATLAS', Life and Physics, ガーディアン紙が運営する 2011 年 4 月 24 日のブログ: www.guardian.co.uk/science/life-and-physics
8) David Shiga, 'Elusive Higgs Slips from Sight Again', *New Scientist*, 4 May 2011.
9) Jon Butterworth, 'Told You So ... Higgs Fails to Materialise', Life and Physics, ガーディアン紙のブログ, 2011 年 5 月 11 日. www.guardian.co.uk/science/life-and-physics
10) Laurette Ponce, 筆者との会談　2011 年 6 月 21 日.
11) Rolf Heuer, *DG's Talk to Staff*, CERN, 4 July 2011.
12) Lyndon Evans, 筆者との会談, 2011 年 6 月 22 日.
13) Rolf Heuer, *DG's Talk to Staff*, CERN, 4 July 2011.
14) Peter Higgs, 筆者との会談, 2011 年 8 月 18 日.
15) CERN Press Release, 22 August 2011.
16) Fabiola Gianotti による, CERN Press Release, 13 December 2011 に引用.
17) Rolf Heuer, 閉会の辞, CERN　公開セミナー, 2011 年 12 月 13 日.
18) Jon Butterworth, Jon Snow とのテレビ会談, Channel 4 News, 2011 年 12 月 13 日.
19) Peter Higgs による. Alan Walker からの筆者への情報. 2011 年 12 月 13 日.
20) Tommaso Dorigo, 'Firm Evidence of a Higgs Boson at Last!', A Quantum Diaries Survivor, ブログ: 2011 年 12 月 13 日, www.science20.com/quantum_diaries_survivor/
21) Matt Strassler, 'Higgs Update Today: Inconclusive, as Expected', Of Particular Significance, ブログへのコメント: 2011 年 12 月 13 日, profmattstrassler.com/2011/12/13/
22) Jon Butterworth, 筆者への情報. 2011 年 12 月 23 日.
23) Joe Incandela, 'Latest update in the search for the Higgs boson', CERN Seminar, 2012 年 7 月 4 日.
24) Rolf Heuer, 'Latest update in the search for the Higgs boson', CERN Seminar, 2012 年 7 月 4 日.
25) CERN Press Release, 2012 年 7 月 4 日.
26) Peter Higgs, 'Latest update in the search for the Higgs boson', CERN Seminar, 2012 年 7 月 4 日.

参考文献

1) Baggott, Jim, "Beyond Measure: Modern Physics, Philosophy and the Meaning of Quantum Theory", Oxford University Press (2003).

2) Baggott, Jim, "The Quantum Story: A History in 40 Moments", Oxford University Press (2011).

3) Cashmore, Roger, Maiani, Luciano, Revol, Jean-Pierre (eds.), "Prestigious Discoveries at CERN", Springer, Berlin (2004).

4) Crease, Robert P., Mann, Charles C., "The Second Creation: Makers of the Revolution in Twentieth-Century Physics", Rutgers University Press, (1986).

5) Dodd, J. E., "The Ideas of Particle Physics", Cambridge University Press (1984).

6) Enz, Charles P., "No Time to be Brief: a Scientific Biography of Wolfgang Pauli", Oxford University Press (2002).

7) Evans, Lyndon (ed.), "The Large Madron Collider: A Marvel of Technology", CRC Press London (2009).

8) Farmelo, Graham (ed.), "It Must be Beautiful: Great Equations of Modern Science", Granta Books, London (2002).

9) Feynman, Richard P., "QED: The Strange Theory of Light and Matter", Penguin, London (1985).

10) Gell-Mann, Murray, "The Quark and the Jaguar", Little, Brown & Co., London (1994).

11) Gleick, James, "Genius: Richard Feynman and Modern Physics", Little, Brown & Co., London (1992).

12) Greene, Brian, "The Elegant Universe: Superstrings, Hidden Dimensions and the Quest for the Ultimate Theory", Vintage Books, London (2000).

13) Greene, Brian, "The Fabric of the Cosmos: Space, Time and the Texture of Reality", Allen Lane, London, (2004).

14) Gribbin, John, "Q is for Quantum: Particle Physics from A to Z", Weidenfeld & Nicholson, London (1998).

15) Guth, Alan H., "The Inflationary Universe: The Quest for a New Theory of Cosmic Origins", Vintage, London (1998).

16) Halpern, Paul, "Collider: The Search for the World's Smallest Particles",

John Wiley, New Jersey (2009).
17) Hoddeson, Lillian, Brown, Laurie, Riordan, Michael, Dresden, Max, "The Rise of the Standard Model: Particle Physics in the 1960s and 1970s", Cambridge University Press (1997).
18) Johnson, George, "Strange Beauty: Murray Gell-Mann and the Revolution in Twentieth-Century Physics", Vintage, London (2001).
19) Kane, Gordon, "Supersymmetry: Unveiling the Ultimate Laws of the Universe", Perseus Books, Cambridge, MA (2000).
20) Kragh, Helge, "Quantum Generations: A History of Physics in the Twentieth Century", Princeton University Press (1999).
21) Lederman, Leon (with Dick Teresi), "The God Particle: If the Universe is the Answer, What is the Question?", Bantam Press, London (1993).
22) Mehra, Jagdish, "The Beat of a Different Drum: The Life and Science of Richard Feynman", Oxford University Press (1994).
23) Nambu, Yoichiro, "Quarks", World Scientific, Singapore (1981).
24) Pais, Abraham, "Subtle is the Lord: The Science and the Life of Albert Einstein", Oxford University Press (1982).
25) Pais, Abraham, "Inward Bound: Of Matter and Forces in the Physical World", Oxford University Press (1986).
26) Pickering, Andrew, "Constructing Quarks: A Sociological History of Particle Physics", University of Chicago Press (1984).
27) Riordan, Michael, "The Hunting of the Quark: A True Story of Modern Physics", Simon & Shuster, New York (1987).
28) Sambursky, S., "The Physical World of the Greeks", 2nd Edition, Routledge & Kegan Paul, London (1963).
29) Sample, Ian, "Massive: The Hunt for the God Particle", Virgin Books, London (2010).
30) Schweber, Silvan S., "QED and the Men Who Made It: Dyson, Feynman, Schwinger, Tomonaga", Princeton University Press (1994).
31) Stachel, John (ed.), "Einstein's Miraculous Year: Five Papers that Changed the Face of Physics", Princeton University Press (2005).
32) 't Hooft, Gerard, "In Search of the Ultimate Building Blocks", Cambridge University Press (1997).
33) Veltman, Martinus, "Facts and Mysteries in Elementary Particle Physics", World Scientific, London (2003).
34) Weinberg, Steven, "Dreams of a Final Theory: The Search for the Fundamental Laws of Nature", Vintage, London (1993).

35) Weyl, Hermann, “Symmetry”, Princeton University Press (1952).
36) Wilczek, Frank, “The Lightness of Being: Big Questions, Real Answers”, Allen Lane, London (2009).
37) Woit, Peter, “Not Even Wrong”, Vintage Books, London (2007).
38) Zee, A., “Fearful Symmetry: The Search for Beauty in Modern Physics”, Princeton University Press (2007; 最初の刊行は 1986).